8°
105

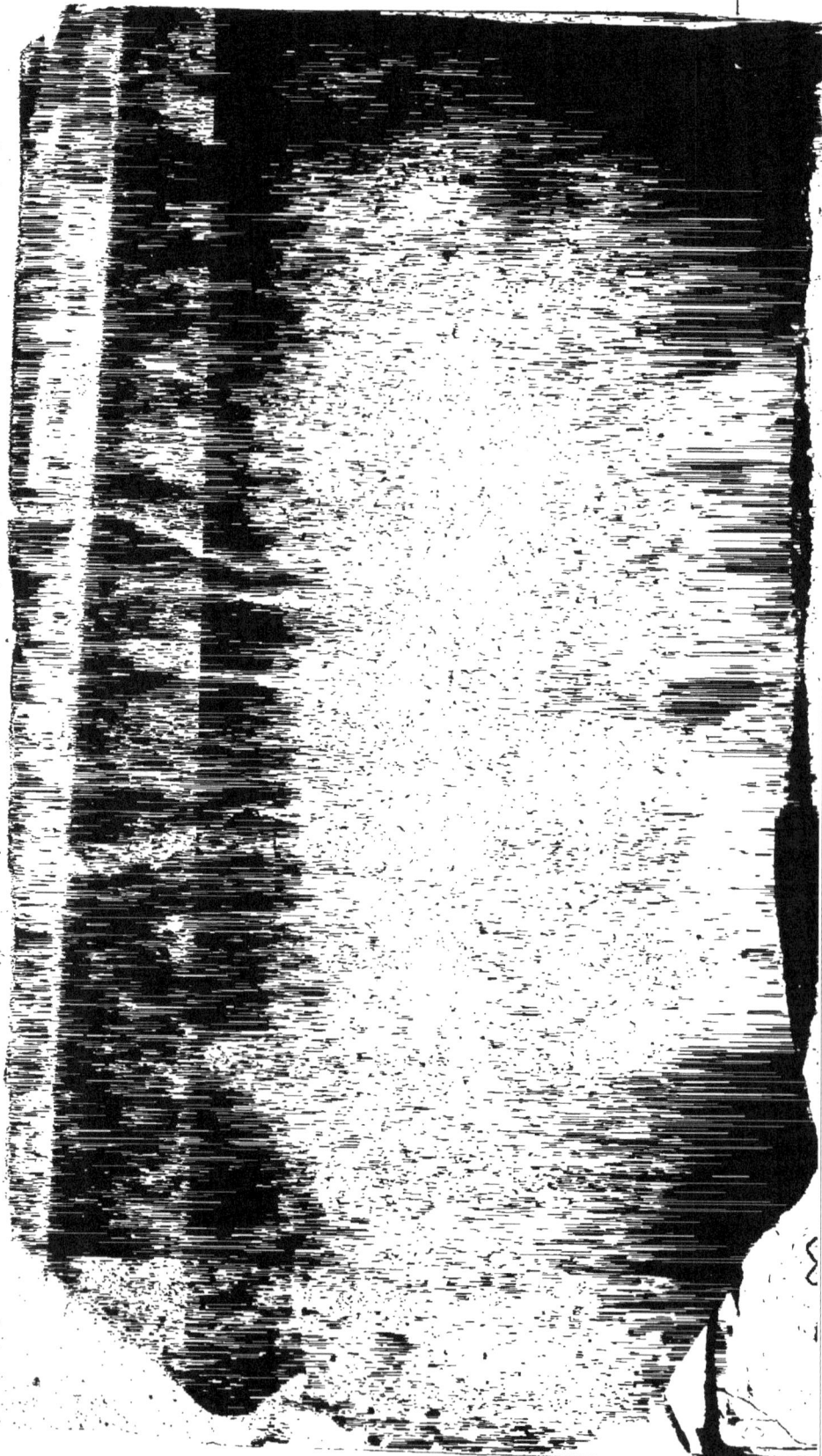

ENCYCLOPÉDIE-RORET.

—

POÊLIER

FUMISTE

MANUELS-RORET

NOUVEAU MANUEL COMPLET

DU

POÊLIER-FUMISTE

TRAITANT DE LA

CONSTRUCTION DES CHEMINÉES

de tous les Systèmes, en maçonnerie et en fonte,
de l'Établissement et de la pose des Fourneaux en maçonnerie
et des Poêles en terre,
de l'Agencement et de la Tuyauterie des Fourneaux,
des Poêles et des Calorifères en fonte et en tôle,
du Ramonage des Cheminées et des divers Appareils de Chauffage.

PAR MESSIEURS

ARDENNI, J. DE FONTENELLE ET F. MALEPEYRE.

NOUVELLE ÉDITION, ENTIÈREMENT REFONDUE
ET AUGMENTÉE DES NOUVEAUX APPAREILS DE CHAUFFAGE,

Par M. A. ROMAIN,
Ingénieur,
Ancien Élève de l'École Polytechnique.

OUVRAGE ORNÉ DE FIGURES

PARIS
LIBRAIRIE ENCYCLOPÉDIQUE DE RORET
RUE HAUTEFEUILLE, 12.
1883

AVIS

Le mérite des ouvrages de l'**Encyclopédie-Roret** leur a valu les honneurs de la traduction, de l'imitation et de la contrefaçon. Pour distinguer ce volume, il porte la signature de l'Éditeur, qui se réserve le droit de le faire traduire dans toutes les langues, et de poursuivre, en vertu des lois, décrets et traités internationaux, toutes contrefaçons et toutes traductions faites au mépris de ses droits.

Le dépôt légal de ce Manuel a été fait dans le cours du mois de Février 1883, et toutes les formalités prescrites par les traités ont été remplies dans les divers États avec lesquels la France a conclu des conventions littéraires.

PRÉFACE

L'industrie du chauffage est incontestablement l'une de celles qui intéressent au plus haut degré l'économie domestique, et son étude a toujours tenu une large part dans celle de l'installation intérieure des habitations.

Les problèmes différents, dont la solution procure une application rationnelle des meilleurs et des plus avantageux procédés de chauffage, sont aussi nombreux que variés. Leur variété n'a fait que croître au fur et à mesure des perfectionnements de tous genres qu'on introduit chaque jour dans les constructions. Avec l'installation des monuments publics, des écoles, des hôpitaux et de tous les bâtiments destinés à réunir de grandes agglomérations d'hommes, les services que nécessitait le chauffage de ces immeubles n'ont fait que se multiplier, et à côté des questions relatives au chauffage proprement dit venaient se placer celles qui se rapportent à la ventilation qu'on ne saurait séparer des premières.

L'étude complète de ces divers problèmes devenait par suite tellement étendue, que nous avons été con-

duit en publiant cette nouvelle édition de notre
Manuel à y introduire une division indispensable,
pour offrir à nos lecteurs tous les renseignements
qu'ils pourraient réclamer, et à consacrer un volume
spécial à des matières qui ne formaient qu'une portion de l'ancienne édition, nous réservant de publier
prochainement un second volume pour l'autre partie.

Ce Manuel, intitulé le Poêlier-Fumiste, s'occupe donc
exclusivement de tout ce qui a trait au chauffage
des habitations privées, opération qui s'exécute à
l'aide d'appareils connus sous le nom de cheminées
et de poêles ; nous avons réservé pour un autre Manuel l'étude des grands appareils plus spécialement
désignés sous le nom de calorifères, destinés, à l'aide
d'un seul foyer, à chauffer des immeubles plus ou
moins considérables dans toutes leurs parties, et où,
tout en employant les mêmes combustibles, on peut
par des procédés tout différents, le faire agir directement dans l'opération du chauffage, comme dans le
système à air chaud, ou indirectement comme dans
ceux à eau chaude, ou à vapeur d'eau.

Il nous restera maintenant peu de mots à ajouter
pour présenter à nos lecteurs ce nouveau Manuel,
que nous nous sommes efforcé de tenir au niveau de
la science, en y introduisant les travaux utiles et
intéressants publiés sur ces questions depuis la précédente édition.

La première partie, intitulée notions théoriques,
comprend l'exposé des principes et des lois physi-
ques, sur lesquels repose toute opération de chauffage, ainsi que les notions relatives à la nature des

divers combustibles employés, leurs qualités et leur
mode d'emploi. Tout en cherchant à nous renfermer
dans des limites accessibles à tous, nous avons toutefois cherché à présenter ces notions d'une façon
assez complète pour permettre à toute personne que
ces questions intéresseront, d'estimer et les conditions à satisfaire et les moyens pratiques d'y arriver
le mieux dans une installation de chauffage.

La seconde partie traite spécialement de la construction des appareils employés, cheminées et poêles, en
faisant précéder cette description de celle de la construction des conduits qui servent à l'évacuation, au
dehors des pièces habitées, de la fumée et des divers
produits de la combustion. Malgré l'extension que
nous avions donnée à notre cadre en consacrant le
volume tout entier uniquement à cette étude, il nous
aurait été encore impossible de décrire dans les
mêmes détails, tous les appareils en quantité innombrable que l'on rencontre dans le commerce, soit
comme cheminées, poêles, fourneaux, ou dispositions
diverses imaginées pour mieux utiliser les effets de
la combustion, et combattre les inconvénients causés
par la fumée et dus à une foule de circonstances,
parmi lesquelles les influences atmosphériques jouent
un grand rôle. Mais comme tous ces appareils, bien
que nombreux, peuvent se réunir en un certain nombre de groupes semblables entre eux, ne différant
que par des variétés dans le mode d'établissement
qui ont peu d'effet, quant à leur rendement, nous
nous sommes attaché spécialement à l'étude des
types de ces divers groupes, ce qui nous a permis

d'être ensuite plus bref, tout en donnant au lecteur les éléments nécessaires pour apprécier les autres modèles si nombreux.

Nous nous sommes un peu étendu sur l'examen des causes qui font fumer les cheminées, et sur les moyens d'y apporter remède, soit par des modifications ou mieux des prescriptions à suivre pour l'établissement de l'appareil, soit en munissant les conduits au sommet d'appareils spéciaux généralement désignés sous le nom d'appareils fumifuges.

Quelques notions utiles, relatives au ramonage, aux incendies et aux moyens de les combattre, terminent ce travail où nous avons cherché à présenter les choses d'une utilité incontestable pour faire un Manuel complet de toutes les pratiques et de toutes les ressources de l'art du Poêlier-Fumiste.

NOUVEAU MANUEL COMPLET

DU

POÊLIER-FUMISTE

PREMIÈRE PARTIE

NOTIONS THÉORIQUES ÉLÉMENTAIRES

CHAPITRE PREMIER.

De la Chaleur.

L'idée de la chaleur est une des idées fondamentales connues de tout le monde; elle naît en quelque sorte spontanément dans notre esprit par le contact d'un de nos organes avec un corps chaud, ainsi que par la vue d'une foule de faits qui se reproduisent devant nos yeux à chaque instant.

Nous n'avons pas l'intention d'entrer ici dans des considérations détaillées sur la nature même de la chaleur, cela nous entraînerait trop au-delà des bornes de notre cadre, et nous conduirait à faire un cours de physique que les lecteurs pourront consulter. Nous nous bornerons seulement à énumérer les faits relatifs à ces phénomènes, les lois qui y sont relatives, seuls éléments véritablement indispensables pour l'étude de l'art du Poêlier-fumiste.

Poêlier-Fumiste. 1

Ainsi nous ne chercherons pas à expliquer de quelle façon la chaleur se transmet d'un corps à un autre, nous constaterons seulement que la chaleur, ou comme on dit encore souvent, le calorique tend constamment à se mettre en équilibre dans tous les corps, et c'est, à proprement parler, ce qui constitue le chauffage et le refroidissement. Ainsi, lorsqu'on touche un objet dont la température est au-dessous ou au-dessus de celle du corps humain, l'on éprouve soudain un sentiment de chaud ou de froid. Cela tient à ce que, dans le premier cas, il y a soustraction de calorique de notre corps qui, se trouvant en contact avec l'objet moins chaud que lui, se met à son niveau de température. Dans le second cas, la sensation de la chaleur que nous éprouvons est due au calorique du corps touché qui passe dans celui qui le touche. Cet équilibre du calorique sert également à expliquer les sensations de froid et de chaud que nous éprouvons, suivant que nous passons d'un lieu chaud dans un lieu froid et vice-versâ. Voilà pourquoi l'on trouve frais en été et chaud en hiver, les lieux où règne une température constante comme celle des caves qui est environ de 10 degrés au-dessus de zéro.

De la dilatation des corps par la chaleur.

L'action de la chaleur sur les corps ne se borne pas aux sensations de chaud et de froid que nous éprouvons; un effet beaucoup plus général, c'est leur changement de volume qui résulte des variations de cette chaleur, phénomène auquel on a donné le nom de dilatation. Tout le monde sait qu'une barre de

métal par exemple, soumise à une forte chaleur,
change de dimensions, s'allonge en particulier. Cette
cause permet d'expliquer un fait également bien
connu : dans un incendie, les charpentes en fer se
trouvent souvent tordues, et les murs contre lesquels
elles buttent renversés : cela tient à l'effort produit
par ces pièces contre les murs, effort qui trouve d'a-
bord une certaine résistance amenant la torsion des
poutres. C'est encore ainsi que s'explique un autre
accident qui se produit souvent également dans l'ordre des faits que nous étudierons spécialement. Toutes
les cheminées sont revêtues, au fond au moins, de
plaques de fonte, qui sont portées à des températures
très-élevées; si on n'a pas eu le soin de ménager autour de leurs bords un certain jeu, on voit souvent
ces plaques se fendre par suite de la réaction qu'elles
subissent quand elles se dilatent et pressent sur les
parois qui les encastrent.

L'on a encore pu facilement constater que si un
ballon rempli incomplètement de liquide est mis sur
le feu, on voit celui-ci monter dans le col du ballon.

C'est en se basant sur ces phénomènes qu'on a
établi des instruments bien connus, les thermomètres, permettant de mesurer les divers degrés de
chaleur, ou les *températures*.

Des thermomètres.

On peut évidemment construire des thermomètres
avec une substance quelconque; il suffit qu'elle présente des variations de volume appréciables alors
que la température varie, même très-peu, et que
l'instrument porte une échelle indiquant pour chaque

situation le degré de température correspondant, rapporté à un instrument type qui sert d'étalon pour graduer tous les autres.

Au point de vue de l'art du poëlier-fumiste, les observations les plus fréquentes que l'on sera conduit à faire, et pour ainsi dire les seules, consisteront dans la mesure de la température des enceintes chauffées, ou de l'air extérieur, et dans ces conditions on n'aura recours qu'au thermomètre le plus connu, au thermomètre à mercure ou à alcool.

Ils consistent en un petit tube de verre formant réservoir, surmonté d'un tube capillaire, fixé sur une planchette graduée, et l'on n'a qu'à constater le numéro de la division en regard de laquelle s'élève le liquide. Voici du reste comment sont graduées les échelles.

L'expérience a montré que toutes les fois qu'un thermomètre était plongé dans de l'eau bouillante, il ne manifestait aucune variation de volume, tant que l'ébullition durait. Le même phénomène se produit si on le plonge dans de la glace fondante.

Ces deux points remarquables ont été choisis pour déterminer deux degrés déterminés de l'échelle thermométrique. Le second a été pris pour le zéro 0, et le premier pour le point cent degrés 100°. L'intervalle compris entre eux deux, pour chaque thermomètre, est divisé en cent parties. On comprend facilement, maintenant, comment on peut graduer les thermomètres soit directement à l'aide des expériences précédentes, soit par comparaison avec un autre thermomètre déjà gradué ainsi. Pour toutes les observations que nous aurons à faire, on peut considérer tous les thermomètres comme donnant les mêmes résultats, bien que cela ne soit pas d'une rigueur absolue, surtout si l'on s'occupait d'autres phénomènes.

Nous avons dit que l'intervalle compris entre les deux points fixes était partagé en 100°. On établit ainsi les thermomètres dits centigrades les plus généralement employés, mais cette règle n'a rien d'absolu ; on pourrait choisir un autre mode de division, et cela se fait, en effet, dans quelques instruments, qu'il est bon de connaître.

Le thermomètre dit *de Réaumur*, est celui où le point correspondant à la glace fondante étant marqué 0, celui correspondant à l'ébullition de l'eau est marqué 80. Le thermomètre *de Fahrenheit*, plus usité en Angleterre qu'en France, porte des indications toutes différentes. Le point correspondant à la glace fondante est marqué 32, et celui correspondant à l'ébullition de l'eau 212.

Connaissant les échelles de ces trois thermomètres, il est facile de transformer leurs degrés les uns dans les autres. En effet, 80° Réaumur valant 100° centigrades, 1° R. vaudra 100/80 ou 5/4 de degré centigrade ; donc :

Pour convertir un certain nombre de degrés Réaumur en degrés centigrades, il faudra multiplier ce nombre par 5, puis diviser le produit par 4. Exemple : 24° R. = 5/4 × 24° C. = 30° C.

Réciproquement, *pour convertir un certain nombre de degrés centigrades en degrés Réaumur, il faudra en prendre les 4/5.* Exemple : 25° C. = 4/5 25° R. = 20° R.

Quant aux degrés Fahrenheit, puisque l'intervalle des points fixes y est divisé en 180 degrés, ce nombre équivaut à 100° centigrades, et, par conséquent, 1° F. vaut 100/180 ou 5/9 de degré centigrade. Comme d'ailleurs la glace fondante y est cotée 32 au lieu de *zéro*, on en déduit la règle suivante :

Pour exprimer en degrés centigrades une température donnée en degrés Fahrenheit, on en retranchera 32 et on prendra les 5/9 du reste. Exemple : 41° F.= 5/9 (41 — 32°) C. = 5° C. Autre exemple : 14° F. = 5/9 (14 — 32°) C. = — 10° C. Dans cette expression — 10° C., le signe — indique qu'il s'agit de degrés au-dessous de la glace.

Réciproquement, *une température étant donnée en degrés centigrades, on la convertira en degrés Fahrenheit en la multipliant par 9, divisant le produit par 5 et ajoutant 32 au résultat.* Exemple : 15° C. = 9/5 × 15° F. × 32° F. = 59° F. Autre exemple : — 5° C. = — 9/5 × 5° F. × 32° F. = 23° F.

Si l'on a besoin de transformer des degrés Fahrenheit en degrés Réaumur, et réciproquement, on pourra se servir des deux règles précédentes, en ayant soin d'observer que 1° Fahrenheit équivalant à 4/9 de degré Réaumur, il est nécessaire d'y substituer 4/9 à 5/9 et 9/4 à 9/5.

Du calcul des dilatations.

La dilatabilité par la chaleur est une propriété étroitement liée au sujet de ce manuel, soit à cause de la force motrice qu'elle développe dans les gaz, soit par les accidents qui peuvent en résulter lorsqu'elle agit sur les corps solides. Il est donc indispensable que nous indiquions les résultats d'expérience et les procédés de calcul qui se rapportent à la mesure des dilatations dans ces deux espèces de corps.

On appelle *dilatation linéaire*, l'allongement qu'un corps éprouve dans le sens d'une de ses dimensions.

Lorsqu'un corps est de forme cubique, la dilatation qui affecte son volume prend aussi le nom de *dilatation cubique*. Comme un pareil corps se dilate nécessairement de la même quantité, suivant chacune de ses dimensions, on dit que *la dilatation cubique est le triple de la dilatation linéaire*. À la vérité, ce principe n'est pas rigoureusement exact ; mais, dans la pratique, il ne peut entraîner d'erreur appréciable, la dilatation des corps solides n'étant jamais qu'une quantité très-petite comparativement à leurs dimensions.

Si, au lieu d'un cube, il s'agit d'un corps de forme quelconque, la recherche de sa dilatation en volume n'offrira pas plus de difficulté, puisque l'on pourra toujours *cuber* ce corps, c'est-à-dire le représenter par le nombre de fois qu'il contiendra un certain cube pris pour unité de mesure et dont la dilatation cubique, répétée le même nombre de fois, donnera celle du corps proposé.

Tout se réduit donc à la connaissance des dilatations linéaires. Nous donnons, dans le tableau suivant, les nombres qui expriment, pour quelques corps, le rapport produit entre l'allongement que prendrait par chaque degré centigrade une barre de cette substance, et la longueur de cette barre mesurée à la température de 0°.

Acier non trempé.	0,000011
Fer forgé.	0,000012
Fonte.	0,000011

Cuivre rouge. . . . . : 0,000017
Cuivre jaune. 0,000019

Le calcul de la dilatation des gaz est un peu plus compliqué, parce qu'il faut tenir compte d'un nouvel élément qui n'intervenait pas pour les solides, nous voulons parler de la pression.

Tous les gaz ont la même dilatation qui est de 0,00367 de leur volume à 0°, pour chaque degré du thermomètre centigrade. Ainsi, si on désigne par V le volume d'une masse d'un certain gaz pris à 0°, qu'on porte sa température à t degrés, sans que la pression change, le nouveau volume sera obtenu à l'aide de la formule simple

$$V \text{ multiplié par } (1 + 0,00367\, t)$$

Si le volume V donné primitivement du gaz, au lieu de correspondre à la température 0°, correspondait à la température t degrés, la nouvelle valeur de ce même volume, quand la température deviendrait t', serait

$$V \left(1 + 0,00367\, (t' - t) \right).$$

Ainsi que nous l'avons dit, la pression ne change pas. Or, cet élément est de nature très-variable avec les gaz, et il faut en tenir compte pour établir des calculs exacts. Ces calculs sont d'ailleurs bien simples si l'on veut se rappeler cette loi qui les régit, à savoir : que le produit du volume par la pression reste toujours constant.

Il en résulte que si p était la pression du gaz lorsqu'il occupait le volume V à la température $t°$, et que p' soit celle de ce gaz quand il sera à la température t', le volume qu'il occupera sera obtenu par la formule

$$\frac{\mathrm{V}\,p}{p'}\left(1 + 0{,}00367\,(t' - t)\right)$$

Les gaz jouissent à un haut degré de la propriété, d'être dilatés par le calorique, puisque leur volume se double lorsque la température monte de 0° à 266° 2/3. Dans cet état de *raréfaction*, la même quantité de matière se trouvant dispersée dans un espace double, on dit que le gaz est deux fois moins *dense*, ou bien que sa *densité* est deux fois moindre que dans l'état primitif.

En général, les densités, que l'on nomme aussi *pesanteurs spécifiques*, sont, à poids égal, en raison inverse des volumes. Le tableau suivant contient différentes densités qu'il est bon de constater.

DÉSIGNATION DES GAZ	DENSITÉS, Celle de l'eau étant 1000, ou poids du mètre cube, en kilogrammes, à 0° et à 0m.76 de pression.
Air atmosphérique. . . .	1.2991
Acide carbonique. . . .	1.9805
Oxygène.	1.4323
Hydrogène bi-carboné. .	1.2752
Azote..	1.2675
Hydrogène proto-carboné.	0.7270
Hydrogène.	0.0894

De la chaleur spécifique.

Nous avons eu l'occasion de définir ce qu'on entendait par la température, le degré d'intensité de la chaleur; mais il est bien évident que la mesure de la température n'apprend rien sur la quantité de chaleur qui est nécessaire pour l'amener d'un degré à un autre.

Sans entrer dans des développements étendus sur cette question, nous rappellerons un fait déjà cité et qui fait bien ressortir la différence qui existe entre ces deux éléments.

Lorsqu'on plonge un thermomètre dans de l'eau bouillante, il reste stationnaire pendant toute la durée de l'ébullition, c'est-à-dire que la température de l'eau reste invariable, mais il est bien évident que pour maintenir cette ébullition, on a dépensé une quantité de chaleur d'autant plus grande qu'elle sera plus prolongée, car pendant toute sa durée, on fait brûler un combustible quelconque.

Lorsqu'on veut élever d'un certain nombre de degrés la température d'un corps, il faut lui fournir une quantité de chaleur qui est proportionnelle au poids de ce corps et qui varie avec la nature de la substance.

Ainsi, par exemple, si vous mélangez deux kilogrammes d'eau, l'un à 0°, l'autre à 100°, le mélange aura une température de 50°. L'un d'eux a pris la moitié de la chaleur de l'autre. Mais si, au lieu de deux kilogrammes de la même substance, vous les prenez de substances différentes, il n'en sera plus de même. Soit un kilogramme d'eau à 0° mélangé avec un kilogramme de mercure à 97°, le mélange ne se trouvera plus qu'à 3°; ainsi il faut donc la même quantité de chaleur pour élever de 3° la température d'un kilogramme d'eau que de 91° un kilogramme de mercure.

On a donné le nom de *chaleur spécifique* ou *capacité calorifique* aux quantités de chaleur qui produiraient une élévation de température de 1° pour 1 kilogramme d'un corps.

Le tableau suivant contient les chaleurs spécifiques de diverses substances rapportées à celle de l'eau, que l'on prend ordinairement pour unité.

DÉSIGNATION DES SUBSTANCES.	CHALEURS SPÉCIFIQUES, celle de l'eau étant 1.
Substances diverses, d'après MM. Dulong et Petit.	
Eau.	1.0000
Plomb.	0.0293
Mercure.	0.0330
Etain.	0.0514
Zinc.	0.0927
Cuivre.	0.0949
Fer.	0.1100
Verre.	6.1770
Gaz sous une même pression, d'après MM. Delaroche et Bérard.	
Air atmosphérique.	0.2669
Hydrogène.	0.2936
Acide carbonique.	0.2210
Oxygène.	0.2361
Azote.	0.2754
Oxyde d'azote.	0.2369
Hydrogène carboné.	0.4207
Oxyde de carbone.	0.2884
Vapeur d'eau.	0.8470

En formant ce tableau, où l'on a pris pour unité la chaleur spécifique de l'eau, il était inutile de dire à quel poids, à quelle température, cette chaleur correspond, attendu que les nombres qu'il contient sont

des rapports tout à fait indépendants de ce poids et
de cette température, qui sont supposés être les
mêmes pour les diverses substances ; mais dans les
applications de la chaleur, on a besoin d'en connaître
les quantités absolues, et, par conséquent, il faut faire
choix d'une mesure déterminée et connue, à laquelle
on puisse rapporter ces quantités. La mesure, ou
l'unité la plus généralement en usage pour cet objet
est la quantité nécessaire pour élever 1 kilogramme
d'eau d'un degré centigrade. On dira donc, par exemple, qu'il faut 10 *unités de chaleur* pour élever 1 kilogramme d'eau de 10 degrés, et $50 \times 10 = 500$ unités
pour élever d'autant 50 kilogrammes d'eau.

De la chaleur latente.

Nous ne dirons qu'un seul mot de ces phénomènes
qui ne trouvent pas une grande application dans
l'objet qui nous intéresse ici particulièrement.

Déjà en parlant de la confection des thermomètres,
nous avons mentionné les phénomènes désignés sous
le nom de phénomènes de la chaleur latente. On a
vu que pendant tout le temps que la glace fondait,
ou que l'eau était en ébullition, la température restait invariable, bien que pour produire ces effets il
faille dépenser de la chaleur. Cette quantité de chaleur que l'on ne peut ainsi apprécier par des variations du thermomètre, est dite chaleur latente.

Ces phénomènes sont d'ailleurs généraux et se
manifestent pour tous les corps chaque fois qu'ils
changent d'état.

Une conséquence intéressante à en tirer, c'est la
nécessité de n'employer au chauffage que du bois

aussi sec que possible, car lorsqu'on brûle du bois humide, toute la chaleur nécessaire pour vaporiser cette eau est dépensée à l'état latent sans produire d'effet utile au point de vue du chauffage.

Le passage des corps à l'état inverse, par exemple, le retour de la vapeur d'eau à l'état liquide est accompagné d'un dégagement de chaleur, correspondant à celui qui avait été absorbé pour opérer cette vaporisation.

De la transmission de la chaleur.

Tout le monde sait que lorsque deux corps d'inégale température sont mis en contact, le plus chaud cède progressivement une partie de sa chaleur à l'autre, et que ces deux corps tendent à prendre un même degré de température.

Mais on sait également que lorsqu'on s'approche d'un brasier ardent, bien qu'on en reste séparé par une certaine distance, on en perçoit les effets et se réchauffe. Voilà donc un mode de transmission de la chaleur différent du premier.

Il résulte de là que la chaleur se meut à travers l'espace et dans l'intérieur des corps. Ces deux modes de propagation ont reçu le premier le nom de *rayonnement*, le second celui de *conductibilité*.

Rayonnement.

Le calorique rayonnant se meut en ligne droite avec une très-grande vitesse comparable à celle de la lumière. Les rayons de chaleur se réfléchissent à la surface des corps polis, comme les rayons de lumière.

Le pouvoir réflecteur, c'est-à-dire la faculté de renvoyer une portion plus ou moins grande du calorique qui frappe la surface d'un corps, varie avec la nature de ce corps, et l'état de sa surface. Il est très-grand pour les surfaces blanches et polies, très-faible pour celles qui sont noires et ternes.

Le pouvoir absorbant ou la faculté qu'ont les corps de retenir une partie des rayons qui tombent sur leur surface est précisément l'inverse du pouvoir réflecteur.

Le pouvoir émissif ou rayonnant suit la même loi que le pouvoir absorbant.

Le tableau ci-après, dans lequel le pouvoir rayonnant du noir de fumée, pris pour type, est représenté par 100, et les autres par des nombres proportionnels, fait voir que les surfaces noircies rayonnent 8 fois plus et par conséquent réfléchissent 8 fois moins du calorique que les surfaces métalliques brillantes :

Noir de fumée.	100
Eau.	100
Papier à écrire.	98
Crown-glass.	90
Eau glacée.	85
Mercure.	20
Plomb brillant.	19
Fer poli.	15
Etain, argent, cuivre, or.	12

Enfin, l'on a reconnu que le calorique rayonnant traverse avec facilité, non seulement l'air et les autres gaz, mais encore l'eau, le verre, la plupart des corps diaphanes. Néanmoins, il est plus ou moins absorbé par les milieux qu'il traverse. Ainsi, le verre ne laisse passer que la moitié du calorique émis par la flamme d'un foyer, et moins encore si le corps rayonnant est à une température plus basse.

Ces diverses propriétés ont, comme on le conçoit, de nombreuses applications dans la construction des appareils de chauffage.

La forme à donner aux foyers de cheminée dépend des lois de la réflexion de la chaleur. Il faut se garder de les peindre en noir, comme on le fait souvent, puisque les surfaces noires réfléchissent très-peu; mieux vaudrait, s'il était possible, les maintenir en métal poli.

Le tuyau d'un poêle donnera beaucoup plus de chaleur s'il est noirci qu'en métal poli. Un poêle de couleur terne chauffera mieux qu'un poêle à surfaces lisses et brillantes.

Conductibilité.

Tous les corps possèdent, à un degré différent, la propriété de recevoir et de transmettre la chaleur. On les range ordinairement, sous ce rapport, en deux classes : la première comprend les corps appelés *bons conducteurs du calorique;* ce sont les métaux, dans l'ordre suivant : 1° l'or, 2° l'argent, 3° le cuivre, 4° le fer, 5° le zinc, 6° l'étain, 7° le plomb.

La deuxième classe, formée des corps *mauvais conducteurs du calorique,* se compose d'abord des autres corps solides, tels que les pierres, la faïence, les briques et surtout le verre, le bois, les résines et le charbon fortement calciné. On peut en effet, sans craindre de se brûler, faire consumer à la main, presque entièrement, un morceau de bois ou de charbon, enflammer un bâton de cire à cacheter, ou faire fondre un tube de verre, tandis qu'on se brûlerait infailliblement en répétant la même expérience sur une barre de métal : c'est par cette raison que l'on garnit de bois les manches de certains outils et vases métalliques qu'on expose au feu, ce qui garantit la main du contact avec le métal chaud.

Il existe une énorme différence entre les pouvoirs conducteurs des diverses substances que nous venons de mentionner ; on en jugera par le tableau suivant qui contient le résultat des recherches de M. Despretz sur cet objet, où la conductibilité de l'or est prise pour type et indiquée par le nombre 100.

Or.	100
Argent.	97
Cuivre.	90
Fer.	37
Zinc.	36
Etain.	30
Plomb.	18
Marbre.	2.4
Porcelaine.	1.2
Terre des fourneaux.	1.1

Il faut de plus observer que les liquides et les gaz sont les corps les plus mauvais conducteurs.

Le refroidissement qui n'est autre que l'effet d'une perte de calorique d'un corps mis en présence d'un autre dans un échange réciproque de chaleur pour arriver à un état d'équilibre, suit des lois analogues, mais en sens inverse.

CHAPITRE II.

De la Combustion et des Combustibles.

De la combustion en général.

La combustion réside uniquement dans un phénomène chimique, la combinaison d'un corps avec l'oxygène, phénomène souvent accompagné de dégagement de lumière et de chaleur.

L'oxygène est un gaz qui forme une partie de l'air dans lequel nous vivons.

Sans nous arrêter dans des développements étrangers à notre cadre, et qui nous entraîneraient trop loin, nous allons immédiatement étudier le phénomène de la combustion dans ce qui se rapporte directement à la question du chauffage.

Un corps combustible, c'est-à-dire qui se combine avec l'oxygène, peut être mis en contact avec ce gaz de bien des manières. Au point de vue du chauffage, les deux sources qui fourniront cet élément seront l'air et le combustible lui-même, qui en contient souvent des quantités importantes, comme le bois par exemple. Le résultat de la combustion sera la production de gaz et un résidu formé de substances incombustibles qui existaient dans la matière qui a été brûlée.

Dans le cas qui nous occupe, le phénomène de la combustion sera toujours accompagné de chaleur et de lumière. L'expérience a établi que la lumière ne

commence à se manifester que lorsque la température des corps atteint au moins 500°, d'abord d'un
rouge obscur devenant de plus en plus vif et passant
au blanc à mesure que la température s'élève.

Les combustibles solides ne deviennent jamais
lumineux qu'à leur surface, l'air environnant ne devient jamais lumineux. Si dans la combustion il se
produit des vapeurs ou des gaz combustibles, ceux-ci
brûleront en formant un espace lumineux au-dessus
de la masse solide.

C'est à cette dernière série de phénomènes que
correspond la production de la flamme. Il ne faut pas
oublier que cette flamme n'est lumineuse qu'à sa
surface, parce que là seulement le gaz combustible
est en contact avec l'air. Il ne faut pas perdre de vue
ce point important. Ainsi quand les gaz combustibles
partent d'une très-grande surface d'un corps en igni-
tion, ils ne peuvent jamais brûler complètement, à
moins que par un moyen artificiel on n'arrive à
faire pénétrer assez rapidement de l'air dans toute
la masse, avant que la température intérieure n'ait
pas encore assez baissé pour que la combustion ne
soit possible. On comprend aisément que, sans cet
artifice, on perdrait sans en tirer parti pour le chauffage, une partie des produits qu'offre le combustible.
Nous aurons souvent l'occasion de revenir sur cette
question, en décrivant les diverses dispositions adoptées dans les appareils de chauffage pour brûler, complètement les produits de la combustion.

La combustion des corps gazeux produit une température beaucoup plus élevée que celle des corps
solides.

Des combustibles.

Bien que la nature présente une quantité presque innombrable de corps combustibles, c'est-à-dire, susceptibles de se combiner avec l'oxygène, quand on cherche à bien définir les conditions que doivent présenter les combustibles propres au chauffage, on voit ce nombre se restreindre énormément, c'est ce qui explique qu'on n'emploie jamais que deux substances, le bois et la houille, en comprenant sous ce dernier nom le charbon de terre proprement dit, la tourbe, l'anthracite, etc.

Ces conditions peuvent, en effet, se résumer ainsi : ces combustibles doivent être facilement brûlés dans l'air atmosphérique, et la chaleur dégagée dans la combustion doit être supérieure à celle qui est nécessaire pour la produire, afin qu'elle s'entretienne bien d'elle-même. Ils doivent être abondants et à bas prix. Enfin, les produits de la combustion doivent n'avoir aucune action nuisible sur les corps qui sont mis en contact avec eux, et en particulier sur l'économie animale.

Une des premières questions qui se présentent au sujet des combustibles, c'est de pouvoir établir leur valeur relative au point de vue de la chaleur qu'ils produisent en brûlant, ce que l'on nomme *la puissance calorifique*.

On admet, bien que cela ne soit pas tout-à-fait exact, que la quantité de chaleur nécessaire pour élever la température d'un poids d'eau d'un certain nombre de degrés est égale au produit du poids de cette eau par ce nombre de degrés ; et comme on appelle *unité de chaleur* ou *calorie* la quantité de chaleur nécessaire pour élever de 1^b la température de 1 kilogr. d'eau à 0°, il en résulte que le produit dont nous venons de parler représentera un certain nombre de calories.

Cela posé, la puissance calorifique d'un combustible sera la quantité de calories produites par la combustion de 1 kilogr. de cette matière.

De nombreux physiciens se sont occupés de cette question ; nous n'entrerons pas dans le détail complet de leurs expériences, qu'on trouvera d'ailleurs dans tous les traités de physique, nous bornant à en indiquer les points essentiels, et surtout les conséquences utiles pour les questions pratiques du chauffage.

L'expérience a d'abord établi que plus un combustible renferme de carbone et d'hydrogène, plus il a un pouvoir calorifique considérable.

Un physicien, M. Welter, avait posé en principe que tous les combustibles dégageaient la même quantité absolue de chaleur, lorsqu'ils se combinaient avec la même quantité d'oxygène ; ou, en d'autres termes, que la chaleur dégagée dans la combustion était proportionnelle à la quantité d'oxygène entrée en combinaison.

Prise au point de vue absolu où cette loi avait été énoncée, on commet une erreur ainsi que Dulong l'a montré. Toutefois, pour des combustibles qui se trouvent dans le même état physique, comme le bois, la tourbe, la houille, en un mot, pour tous ceux qui sont employés au chauffage domestique, on peut se servir de ce principe pour estimer facilement le pouvoir calorifique de ces matières, sans être obligé d'en rechercher la composition chimique.

Il n'y a qu'à faire un essai assez simple du combustible de la manière suivante : On prend un creuset de terre réfractaire, on y place 1 gr. de combustible, préalablement pulvérisé avec 20 à 30 gr. de litharge, on recouvre le tout de litharge, et on chauffe le creuset fermé en donnant un coup de feu sur la fin de l'opération. On recueille ainsi un culot de plomb métallique dont le poids est proportionnel à celui de l'oxygène qui était nécessaire pour la combustion. De la comparaison des poids du plomb ainsi obtenu dans divers essais, on peut établir les valeurs relatives de puissance calorifique des divers combustibles essayés.

A côté de la puissance calorifique, il est encore intéressant de pouvoir se rendre compte des températures de la combustion, en désignant par là l'échauffement thermométrique maximum qu'il est possible de produire avec un combustible donné.

Voici, en général, comment on peut apprécier cet élément. On recherche la quantité d'air nécessaire pour que dans la combustion, les produits de la combinaison soient de l'eau, de l'azote et de l'acide carbonique, en tenant toujours compte que si le combustible contient naturellement de l'oxygène et de l'hydrogène, ces deux corps s'unissent pour former de l'eau. La formation de ces divers éléments produit dans chaque cas une certaine quantité de chaleur, et il y a répartition de la chaleur totale entre les divers gaz qui doivent être portés à la même température, répartition que l'on pourra établir facilement avec l'aide des chaleurs spécifiques. On obtient ainsi une valeur finale de la température qui est le résultat cherché, résultat qui doit être toujours considéré comme un maximum, que l'on n'atteint que rarement dans la pratique, à cause d'une série de phénomènes complexes que nous ne pourrions analyser ici, sans dépasser les bornes de notre sujet.

Un exemple rendra plus facile l'application de ce qui précède. Soit du charbon de bois de chêne, dont la composition a été établie ainsi qu'il suit :

Hydrogène.	2.83
Carbone.	87.68
Oxygène.	6.43
Cendres.	3.06
	100.00

Pour avoir d'abord le pouvoir calorifique, il faut retrancher de la quantité d'hydrogène, celle qui correspond à la portion qui se combinera avec les 6,43 d'oxygène pour former de l'eau. On sait que l'eau est formée de 8 d'oxygène pour 1 d'hydrogène. Donc, dans le cas actuel, le poids d'hydrogène correspondant à 6,43 d'oxygène est :

$$\frac{6,43}{8} = 0,80.$$

Il reste donc 2,03 d'hydrogène qui est équivalent à 6,10 de carbone.

C'est donc comme si le combustible était formé de 93,78 de carbone pur, et son pouvoir calorifique sera de 6775.

La température de combustion s'obtiendra par le calcul suivant :

Un kilogramme de charbon considéré contient :

0^k.8768 de carbone.

qui nécessitera pour se transformer en acide carbonique $10^k.10$ d'air.

$0^{gr}.0203$ d'hydrogène

qui pour se transformer en eau exigera $0^k.71$ d'air.

En résumé, ce kilogramme de charbon emploiera pour sa combustion $10^k.81$ d'air ou $8^{mc}.31$.

Les produits seront :

Acide carbonique. . . . . $3^k.211$

Eau formée par $\begin{cases} \text{les éléments du combus-} \\ \text{tible. . . . . . } 0^k.0723 \\ \text{l'hydrogène en} \\ \text{excès. . . . . } 0^k.1827 \end{cases}$

En tout. . . . . . $0^k.255$

Azote. . . . . $8^k.324$

Cendres. . . . . $0^k.0306$

La chaleur spécifique de l'acide carbonique est. 0.221

Pour la vapeur d'eau. 0.475

Pour l'azote. 0.273

La quantité de chaleur nécessaire pour élever de $1°$ la température des proportions de ces trois éléments sera donc :

Pour l'acide carbonique. $3.211 \times 0.221 = 0.712$

Pour la vapeur d'eau. . $0.255 \times 0.475 = 0.119$

Pour l'azote. . . . . . $8.324 \times 0.273 = 2.272$

Quant aux cendres, on peut les négliger.

En tout. . . . . 3 calories, 10

Mais comme un kilogramme de ce charbon en brûlant dégage 6775 calories, il en résultera une élévation de température des produits de la combustion égale à

$$\frac{6775}{3,10} = 2185 \text{ degrés.}$$

Abandonnant ces notions générales, nous allons passer en revue ce qui a trait à chaque combustible ordinairement employé.

Des bois.

Les bois sont formés par une substance spéciale formant leur charpente et appelée *cellulose*, composée elle-même de carbone, d'oxygène et d'hydrogène, d'une matière incrustante variant un peu avec les espèces. En général, les matières étrangères aux trois corps que nous venons de citer, dépassent rarement 0,02 du poids dans les bois de chauffage.

Nous avons déjà eu l'occasion d'expliquer pourquoi les bois les plus secs étaient les meilleurs pour le chauffage.

On peut estimer, en général, la proportion d'eau contenue dans les bois de la façon suivante :

Bois vert.	42 0/0
Bois de 5 mois de coupe.	30 à 35
Bois de chauffage exposé un an à l'air.	20 à 25

En général, on peut prendre pour la composition des bois les proportions suivantes :

Pour la cellulose :

Carbone. .	43.8	
Hydrogène.	6.2	A peu près les éléments
Oxygène. .	50.0	de la composition de l'eau.
	100.00	

La matière incrustante est un peu plus variable :

Carbone.	0.52 à 0.54
Hydrogène.	0.062 à 0.065
Oxygène.	0.395 à 0.408

Seulement, il faut tenir compte que ces proportions correspondent à celles du bois sec, et que la présence d'une moyenne de 20 à 25.% d'eau, dans les meilleurs bois d'usage, fait qu'il n'y a, en réalité, que 30 à 40 % de carbone.

Au point de vue du chauffage, on distingue les bois durs et compactes, le chêne, le hêtre, l'orme ; et les bois blancs ou mous, légers, le pin, le bouleau, le tremble, etc. On distingue aussi les bois neufs et les bois flottés, suivant qu'ils sont transportés en voiture ou en bateau, ou bien en trains flottants sur l'eau. On appelle bois pelard, le chêne dépouillé de son écorce.

Les produits de la combustion complète du bois, sont de l'acide carbonique et de la vapeur d'eau. Mais quand la combustion est incomplète, il se dégage, en même temps, une production gazeuse diversement colorée, désignée sous le nom de *fumée*, qui est formée de diverses matières, vapeur d'eau, acide acétique, une huile très-pénétrante à l'odorat qui lui communique son odeur désagréable. Cette fumée en passant sur les corps froids s'y condense en partie, et forme la suie.

Rumfort, puis ensuite Haisenfratz, ont fait de nombreuses expériences pour évaluer la puissance calorifique des bois. Bien que cet élément varie un peu avec l'espèce du bois, son état de dessiccation, on peut admettre d'une façon générale, qu'un bois de chauffage, pris dans de bonnes conditions, développe par kilog. brûlé avec une combustion complète

3711 unités de chaleur.

Lorsque l'on veut rapporter cette puissance calorique au volume du bois, et non plus à son poids, la

Poêlier-Fumiste. 2

question devient plus difficile à déterminer, la relation entre le poids et le volume étant essentiellement variable avec l'essence employée.

A Paris, on emploie beaucoup comme terme de mesure *la voie*, qui est de 2 mètres cubes ou stères; la longueur des bûches étant de 1m.14, la mesure du stère a 0m.88 de hauteur sur 1 mètre de longueur. Généralement, la voie pèse de 700 à 750 kilogr.

Il ne faut pas oublier que quand un corps est en combustion, la chaleur produite se dissipe de deux façons : 1º par le courant d'air qui l'emporte naturellement; et 2º par le rayonnement, et, que par suite, il est intéressant pour chaque combustible de connaitre le rapport qui a lieu entre ces deux portions de la chaleur totale produite, d'autant plus que dans beaucoup d'appareils, comme les cheminées, par exemple, la seconde est seule utilisée.

Dans la combustion du bois, la quantité de chaleur rayonnante est à la chaleur totale produite, comme 1 est à 3,5; et la chaleur rayonnante est à celle qui est entraînée par le courant d'air, comme 1 est à 2,5.

Charbon de bois.

Le charbon est, au point de vue domestique, uniquement employé dans les appareils de cuisine. Nous ne nous occuperons pas ici de sa fabrication, nous donnerons simplement quelques résultats utiles pour son estimation au point de vue du chauffage.

Le charbon livré par le commerce est généralement humide, il contient le plus souvent jusqu'à 10 et 12 % d'eau, ce qui est fâcheux, puisque c'est une cause de perte de chaleur dans la combustion.

On peut admettre comme pouvoir calorifique moyen

6600 à 7000

La quantité de chaleur que le charbon rayonne est à la chaleur totale produite, comme 1 est à 1,78; et à la chaleur emportée par le courant d'air, comme 1 est à 0,78 ou 5 à 4.

Des tourbes.

Ce combustible, produit de l'altération qu'éprouvent dans les lieux bas et marécageux certaines plantes aquatiques, est très-employé au chauffage dans quelques localités. Malheureusement elles sont toujours accompagnées de produits étrangers, en particulier de matières sulfureuses, et leur combustion est accompagnée de dégagement de gaz d'odeur fétide, qui en restreignent l'usage.

Son pouvoir calorifique est compris entre :

3000 et 3500.

Depuis quelques années il s'est monté de nombreuses industries, en vue de préparer à l'aide de la tourbe des charbons purifiés de ces matières étrangères, et par conséquent n'offrant plus les mêmes inconvénients que la tourbe elle-même, tout en produisant un combustible qui ne revient pas trop cher. On leur a donné des noms assez multiples, et leur usage tend à se répandre davantage.

Des houilles.

Les houilles ou communément charbon de terre sont rangées en cinq classes d'après leur nature :

Les houilles grasses dites maréchales réservées plus spécialement aux usages de la forge, comme l'indique leur nom. Elles donnent beaucoup de chaleur, mais leur fusion pâteuse exige des soins particuliers pour obtenir une bonne combustion.

Les houilles dures grasses, un peu moins fusibles que les précédentes et employées surtout par la métallurgie.

Les houilles grasses à longue flamme, qui sont les meilleures pour le chauffage, et dont le type bien connu est le charbon de Mons.

Les houilles sèches à longue flamme très-employées aussi, tout en donnant un peu moins de chaleur que les précédentes.

Les houilles sèches qui brûlent assez difficilement sans flamme et sont réservées pour des opérations industrielles, la cuisson de la chaux, des briques, etc.

L'anthracite qui brûle difficilement et qu'on emploie un peu pour le chauffage, surtout aux Etats-Unis.

La houille au sortir de la mine ne contient jamais que de petites quantités d'eau, mais avant d'être employée au chauffage, elle en absorbe toujours un peu plus, soit dans les transports, ou dans les emmagasinages.

Les expériences, soit de laboratoire, soit industrielles, ont permis d'établir une valeur moyenne pour la puissance calorifique de la houille. Bien que chaque sorte considérée par classe et par variété dans cette classe, ait une puissance calorifique propre, les écarts avec la moyenne sont toujours peu considérables, et pour tous les calculs relatifs au

chauffage, on pourra toujours se baser sur ce chiffre
moyen qui est de :

7500

On doit toujours exclure pour le chauffage domestique les houilles pyriteuses, c'est-à-dire des houilles
contenant divers corps où il entre du soufre qui, en
brûlant, donnent des dégagements de gaz sulfureux
doués d'une odeur désagréable et malsaine.

Du coke.

Le coke n'est autre chose que du charbon de terre
épuré privé des matières volatiles qu'il pouvait contenir. Il présente donc à ce point de vue de grands
avantages, seulement sa combustion est plus difficile
que celle de la houille, on ne saurait l'employer dans
toutes les grilles à charbon de terre, et pour en tirer
un parti judicieux, il faut employer des appareils
construits spécialement en vue de son emploi.

On admet que le coke a une puissance calorifique
sensiblement égale, quoique un peu inférieure à celle
du charbon de bois, soit :

6000

Des volumes d'air nécessaires à la combustion.

La combustion se produisant dans tous les foyers
à l'aide de l'air, il est indispensable de savoir quel
volume d'air est nécessaire pour obtenir la combustion de 1 kilog. de chaque combustible, afin de pouvoir déterminer les conditions d'établissement des
appareils de chauffage, de façon à ce que cet élément
soit fourni suivant les besoins.

On établit facilement par des considérations empruntées à la chimie, les nombres correspondants aux éléments qui nous occupent. Toutefois, ces résultats ne pourraient être appliqués tels que au point de vue pratique du chauffage.

En effet, l'oxygène de l'air qui traverse les foyers n'est jamais totalement absorbé par les combustibles, une partie de cet air échappe à la combustion, il en résulte que pour être certain que la combustion sera complète, il est nécessaire de fournir des volumes d'air bien plus considérables que ceux qui correspondent à la quantité d'oxygène réellement indispensable pour la combustion.

Ainsi que nous l'avons dit, le but principal dans toute combustion est la transformation complète du carbone en acide carbonique.

L'acide carbonique étant composé de 27,36 de carbone et de 72,64 d'oxygène, 1 kilogramme de carbone exige pour passer à l'état d'acide carbonique,

$$\frac{72.64}{27.36} = 2^k.65 \text{ d'oxygène ou } 1^{mc}.85$$

ou bien $8^{m3}.81$ d'air, supposé à la température de $0°$, et à la pression de $0^m.76$.

L'eau étant composée de 11,1 d'hydrogène et de 88,9 d'oxygène, il s'ensuit que 1 kilog. d'hydrogène exige pour sa combustion 8 kilog. ou $5^{m3}.6$ d'oxygène toujours à $0°$ et à la pression de $0^m.76$, ce qui équivaut à $26^{m3}.66$ d'air dans les mêmes conditions.

Il suit de là que connaissant la composition d'un combustible, on pourra facilement déduire les quantités d'air qu'il exige théoriquement pour brûler complètement.

Mais, ainsi que nous le disions, on estime que le tiers ou la moitié de l'air qui passe dans un foyer échappe à la combustion, d'où la nécessité d'augmenter la quantité réelle qui passe, pour que la portion utilisée effectivement réponde aux quantités nécessaires.

Voici, d'après des expériences diverses, les nombres reconnus comme remplissant toutes les conditions, et qui expriment en mètres cubes la quantité d'air à fournir par kilogramme de combustible brûlé :

Bois parfaitement desséché. 6.75
Bois ordinaire. 5.40
Charbon de bois. 16.40
Houille. 18.10
Coke. 15.00

Les volumes des gaz qui s'échappent d'un foyer peuvent se calculer avec les éléments précédents, et l'on admet les formules suivantes pour chaque kilogramme de combustible. Dans ces formules, t représente la température de ces gaz à la sortie de la cheminée, et a un nombre fixe, le coefficient de dilatation des gaz qui est égal à 0,00365 :

Bois parfaitement desséché. . 7.34 (1 + at.)
Bois ordinaire. . . . . 6.11 (1 + at.)
Charbon de bois. . . . . . . 16.40 (1 + at.)
Houille. . . . . 18.44 (1 + at.)
Coke. . . . . 15.00 (1 + at.)

CHAPITRE III.

Écoulement des Gaz.

Causes de l'ascension de la fumée.

La fumée d'un feu allumé en plein air s'élève rapidement parce que la chaleur du foyer, en la raréfiant, la rend *spécifiquement* (1) plus légère que l'air; elle est, à l'égard de l'atmosphère, ce qu'est à l'égard de l'eau un morceau de liége, qui, plongé à une certaine profondeur dans cette eau et abandonné ensuite à lui-même, remonte à la surface. C'est aussi pour cette raison que les ballons s'élèvent dans l'atmosphère. Pour rendre cet effet sensible, Rumfort a dit : Si l'on mêle de petites balles ou de gros plombs à giboyer avec des pois, et qu'on secoue le tout dans un boisseau, le plomb se séparera, il se logera au fond du vase et forcera, par sa plus grande pesanteur, les pois à se mouvoir de *bas en haut* contre leur tendance naturelle, et à occuper la partie supérieure du mélange.

Si l'on met dans un vase de l'eau et de l'huile, et qu'on les mêle bien ensemble, aussitôt qu'on aura cessé d'agiter ce mélange, l'eau, comme le plus pesant des deux liquides, descendra au fond du vase, et l'huile, chassée de sa place par l'excès du poids de l'eau, s'élèvera et finira par surnager tout entière à la surface de ce liquide.

(1) C'est-à-dire que de deux volumes égaux, l'un d'air atmosphérique, l'autre de fumée, celui-ci pèsera beaucoup moins.

Si l'on plonge dans l'eau une bouteille pleine d'huile, ouverte par le haut, l'huile s'élèvera hors de la bouteille, et, traversant l'eau sous la forme d'un filet continu, elle s'étendra sur sa surface.

Il en arrivera de même toutes les fois que deux fluides de *densités* différentes, c'est-à-dire, dont le poids, à volume égal, est différent, ce qu'on appelle aussi *pesanteur spécifique*, seront en contact ou mêlés ensemble; le plus léger sera soulevé de bas en haut par la tendance du plus pesant à descendre.

Si l'on met en contact deux quantités d'un même fluide à des températures différentes, celle qui sera la plus chaude ou la plus raréfiée, étant spécifiquement plus légère que la portion froide, occupera la surface supérieure du mélange. Que l'on place une bouteille d'eau chaude colorée au fond d'un vase plein d'eau froide, l'eau chaude s'élèvera à la surface et sera remplacée dans la bouteille par l'eau froide. C'est encore ainsi que l'air froid d'un appartement occupe toujours la partie inférieure, et l'air chaud la partie voisine du plafond.

La différence de pesanteur spécifique de l'air et de la fumée est donc une des principales causes de son ascension; mais, dans les cheminées, une seconde cause vient se joindre à la première et augmenter la rapidité du mouvement ascensionnel.

L'air du canal ou tuyau d'une cheminée est ordinairement plus chaud, plus raréfié, et par conséquent moins pesant que l'air extérieur; la colonne d'air qui est dans la cheminée est poussée de bas en haut par la colonne de même hauteur, mais plus pesante, qui est hors de l'appartement, ce qui détermine un courant ascendant dont la rapidité est proportionnelle à la différence de pesanteur de ces deux colonnes ; ce courant entraîne la fumée déjà en mouvement, et lui ajoute une nouvelle vitesse.

Ces deux causes de l'ascension de la fumée ne sont pas constantes, et n'agissent pas toujours dans le même sens. Ainsi, à mesure que la fumée s'éloigne du foyer, elle perd de sa chaleur ; sa pesanteur spécifique augmente, et peut même devenir plus grande que celle de l'air environnant ; alors la fumée descendra dans l'air, s'il est en repos. On voit par là que, sous le rapport de cette première cause, la hauteur de la cheminée a des bornes.

La seconde cause est aussi variable ; car la vitesse du courant dépend en même temps de la différence de température entre les deux colonnes d'air et de leur hauteur, d'où l'on conclut que, sous le seul rapport de la vitesse du courant, la hauteur de la cheminée ne devrait pas avoir de limites.

Par la combinaison des causes ascensionnelles, on explique pourquoi la fumée, en général, monte plus vite la nuit que le jour, l'hiver que l'été, quand le feu est en pleine activité que quand on l'allume, dans les appartements bas que dans ceux élevés ; pourquoi enfin elle descend souvent dans l'appartement, à midi, pendant l'été, etc.

Nous verrons dans la suite quelles sont les causes accidentelles ou particulières qui modifient les deux causes générales ci-dessus énoncées, et contrarient ou favorisent l'ascension de la fumée.

Du mouvement de l'air dans les tuyaux de cheminées.

Les tuyaux de cheminées placés au-dessus des foyers sont destinés à recueillir les gaz produits par la combustion, et à leur procurer les moyens de s'échapper sans se répandre dans la pièce que l'on échauffe. Pour que la fumée et les autres produits se dirigent dans ces conduits, il faut qu'il s'y établisse naturellement un courant ascendant qui force une partie de l'air de la chambre à se porter vers l'ouverture du tuyau, et à s'échapper avec la fumée. Nous allons d'abord examiner comment le courant peut être établi.

Un foyer de cheminée surmonté d'un tuyau a, par cette addition, deux communications avec l'air extérieur ; l'une par les fissures de l'appartement, l'autre par l'ouverture supérieure du tuyau de la cheminée. Si l'on imagine un plan horizontal, passant par le sommet du tuyau de la cheminée, il déterminera la hauteur de deux colonnes d'air : l'une, dans l'intérieur du tuyau, et l'autre, placée à l'extérieur du bâtiment ; un second plan horizontal, mené par le point où se fait la combustion, déterminera la hauteur de ces deux colonnes qui sont évidemment égales en hauteur. Il résulte des lois de la statique des fluides, que deux colonnes de même hauteur et de même densité se font équilibre ; mais que, si l'une d'elles est plus dense que l'autre, l'équilibre sera rompu, et celle qui aura plus de densité soulèvera l'autre.

Si l'on suppose que l'air extérieur et celui du tuyau de la cheminée sont de même nature, comme l'air froid est plus dense que l'air chaud, il en résultera que, selon que l'air du tuyau sera plus froid ou plus chaud que l'air extérieur, la pression exercée sur le foyer sera plus petite ou plus grande que celle de l'air extérieur; et de là, dans le premier cas, l'existence d'un courant ascendant dans le tuyau de cheminée, par la plus forte pression exercée par l'air extérieur; et, dans le second cas, un courant descendant dans le tuyau occasionné par la plus grande pression de l'air que le tuyau contient.

Ces deux courants sont assez généralement observés dans les tuyaux de cheminées dans lesquelles on ne fait pas de feu; et cela, selon que l'air de l'intérieur de l'appartement avec lequel ces tuyaux communiquent est plus ou moins chaud que l'air extérieur. Lorsque l'air intérieur est plus chaud, celui des tuyaux qui y communiquent participant à cette température, il en résulte un courant d'air ascendant; si au contraire, l'air intérieur est plus froid, il s'établit un courant descendant.

Franklin, en conséquence de ce principe, avait annoncé qu'il se formait journellement dans les tuyaux des cheminées un courant d'air ascendant qui commence vers les cinq heures du soir et qui dure jusque vers les huit ou neuf heures du matin; à cette heure, le courant s'interrompt, et l'air intérieur se balance avec l'air extérieur; ensuite l'équilibre se rompt, et il succède un courant descendant qui dure jusqu'au soir. Ce célèbre physicien s'exprime ainsi :

Pendant l'été, il y a, généralement parlant, une grande différence de la chaleur de l'air à midi et à minuit, et conséquemment une grande différence par rapport à sa pesanteur spécifique, puisque plus l'air est chauffé, plus il est raréfié. Le tuyau d'une cheminée, étant entouré presque entièrement par le reste de la maison, est en grande partie à l'abri de l'action directe des rayons du soleil pendant le jour, et de la fraîcheur de l'air pendant la nuit ; il conserve donc une température moyenne entre la chaleur des jours et la fraîcheur des nuits, et il communique cette même température à l'air qu'il contient. Lorsque l'air extérieur est plus froid que celui qui est dans le tuyau de la cheminée, il doit le forcer, par son excès de pesanteur, à monter et à sortir par le haut. L'air d'en bas qui le remplace, étant échauffé à son tour par la chaleur du tuyau, est également poussé par l'air plus froid et plus pesant des couches inférieures, et ainsi le courant continue jusqu'au lendemain où le soleil, à mesure qu'il s'élève, change par degré l'état de l'air extérieur, le rend d'abord aussi chaud que celui du tuyau de la cheminée (et c'est alors que le courant commence à vaciller) ; et, bientôt après le rend même plus chaud. Alors le tuyau étant plus froid que l'air qui y pénètre, le rafraîchit, le rend plus pesant que l'air extérieur, et conséquemment le fait descendre ; celui qui le remplace d'en haut étant refroidi à son tour, le courant descendant continue jusque vers le soir, qu'il balance de nouveau, et change de direction, à cause du changement de la chaleur de l'air du dehors, tandis que celui du tuyau qui l'avoisine se maintient toujours à peu près dans la même température moyenne.

Franklin ajoute encore une observation : c'est que, si la partie du tuyau d'une cheminée qui s'élève au-dessus du toit de la maison est un peu haute, et qu'elle ait trois de ses côtés successivement exposés à la chaleur du soleil, savoir ceux qui sont exposés au levant, au midi et au couchant, et que le côté tourné au nord soit défendu des vents froids du nord par les bâtiments attenants, il pourra souvent arriver qu'une telle cheminée soit si échauffée par le soleil qu'elle continue à tirer fortement de bas en haut pendant toutes les vingt-quatre heures, et peut-être pendant plusieurs jours de suite. Si l'on peint le dehors de cette cheminée en noir, l'effet en sera encore plus grand, et le courant plus fort.

Clavelin, savant caminologiste, a cherché à vérifier, par l'expérience, l'existence et la loi de ces deux sortes de courant; il résulte de ses observations que l'ordre et la durée de ce phénomène présentent beaucoup d'anomalies; que cependant le courant descendant de la nuit est assez régulier depuis cinq à six heures du soir jusqu'à huit ou neuf heures du matin; mais que le courant ascendant du jour est loin de présenter autant de régularité, même dans les temps calmes.

Ces phénomènes nous font concevoir la raison pour laquelle, quand plusieurs tuyaux de cheminées se trouvent réunis en une seule masse, la fumée de celles où le feu est allumé descend souvent dans les autres, et remplit ainsi les appartements.

En appliquant aux tuyaux des cheminées dans lesquelles on fait du feu, la théorie des mouvements ascendants et descendants, occasionnés par la différence de densité entre l'air extérieur et celui des tuyaux de cheminées, on voit que, dès que le combustible du foyer commence à s'enflammer, il attire, pour entretenir la combustion, l'air qui communique

à la partie la plus basse de l'air extérieur, conséquemment celui de la chambre; par sa combinaison
avec le combustible, il se dégage de la chaleur qui
échauffe l'air en contact avec le combustible, celui-ci
échauffé s'élève naturellement dans le tuyau qui est
placé au-dessus du foyer; il se forme également
plusieurs produits plus légers que l'air atmosphérique qui s'élèvent également; enfin, il se forme quelques produits plus denses, lesquels, au degré de
chaleur qu'ils ont acquis en sortant du foyer, sont
encore plus légers que l'air de la chambre. L'air
échauffé et les produits de la combustion communiquent de la chaleur à l'air du tuyau; bientôt celui-ci
est assez échauffé pour que la colonne de fluide qui
remplit le tuyau de la cheminée soit plus légère que
celle de l'air extérieur, alors le courant ascendant
s'établit, et il acquiert une vitesse d'autant plus
grande que la pesanteur de sa colonne diffère plus de
celle de l'air extérieur, ou autrement qu'elle acquiert
plus de légèreté.

Les résultats du mouvement de l'air dans les
tuyaux de cheminées, expliqués d'après ce principe:
que tout fluide plus léger que l'air de l'atmosphère
s'élève en proportion de la différence de sa pesanteur spécifique, comme tout fluide plus pesant tombe
par l'effet de la même pesanteur, ont beaucoup d'a-
nalogie avec ceux que présentent les siphons: en
effet, on sait que, quand les branches d'un siphon
rempli d'un fluide plus pesant que l'air atmosphérique sont égales, l'équilibre se maintient; quand
l'une est plus courte que l'autre, le fluide s'écoule
rapidement par l'extrémité de la plus longue branche, et entraîne le liquide contenu dans la plus

courte ; maintenant, que l'on renverse le siphon, et que ces branches soient dirigées en haut, il deviendra alors pour les fluides plus légers que l'air de l'atmosphère, ce qu'il était auparavant pour les liquides plus pesants qu'elle ; le fluide léger s'élèvera par la branche la plus longue, et la colonne la plus longue entraînera la colonne la plus courte, selon les lois inverses de la gravitation.

Cette théorie établit en peu de mots tout le système de la caminologie ; elle est parfaitement démontrée par les expériences nombreuses faites par divers savants sur ce sujet.

Il est difficile d'indiquer une largeur constante pour les tuyaux de cheminée ; cette largeur doit être en proportion de la masse de vapeur fuligineuse et de l'air que le tuyau doit recevoir. Ces conduits ne doivent pas être assez resserrés pour donner lieu, en aucun temps, à la poussée par la chaleur, ni assez larges pour qu'il puisse s'y établir deux courants, l'un ascendant, l'autre descendant.

On a cru, pendant longtemps, que le dévoiement des tuyaux de cheminée contribuait à les faire fumer ; c'est pourquoi on avait autrefois pris le parti d'adosser l'un sur l'autre les tuyaux des divers étages qui se correspondaient ; mais, on reconnut bientôt que cette méthode avait deux inconvénients : 1° que les tuyaux élevés verticalement étaient plus sujets à fumer ; 2° qu'en les adossant les uns sur les autres, on diminuait l'étendue des étages supérieurs. Depuis lors on a pris le parti de dévoyer sur leur élévation sans diminuer la solidité de leur construction, de manière que toutes leurs ouvertures se rejoignent pour sortir au-dessus du toit.

Quelque crainte qu'on eût, dans l'origine, que cette direction oblique et tortueuse des tuyaux ne fût un obstacle à l'ascension de la fumée ou une cause fréquente d'incendie, l'expérience a fait connaître que cette disposition n'apportait par elle-même aucun de ces inconvénients, pourvu que le tuyau n'eût rien dans son étendue qui pût arrêter la fumée. Aujourd'hui, on contourne les tuyaux de mille manières; on fait faire à la fumée plusieurs circonvolutions pour échauffer les appartements; on la fait descendre, monter; on la divise pour la faire passer dans différents conduits, qui se réunissent ensuite dans le tuyau principal, comme dans le calorifère d'Olivier, les cheminées de Desarnod, de Curaudeau, etc.

Rumford a proposé de rétrécir l'ouverture des cheminées près du foyer, comme nous le verrons, afin d'augmenter la rapidité du courant. Ce mode, que l'on a perfectionné de nos jours dans les foyers que l'on établit en avant des cheminées, obtient un grand succès lorsqu'il est employé avec les précautions qu'il exige.

Un des résultats principaux que l'on doit se proposer d'obtenir pour empêcher la fumée de pénétrer dans les appartements, c'est un bon et un fort tirage dans les tuyaux de cheminée. Ce tirage est d'autant plus grand que la pression de la colonne d'air qui communique par le tuyau est plus rapide que celle qui communique par les fissures. Or, cette grande différence dans la pression peut s'obtenir de deux manières : 1° par le plus grand échauffement des matières fuligineuses qui s'élèvent dans le tuyau, 2° par la plus grande hauteur du tuyau.

Quant à la hauteur des cheminées, il prouve qu'au-dessous de 5 mètres, les tuyaux de nos cheminées ne suffiraient que difficilement à entretenir le courant nécessaire ; et pour que le système soit sûr, il faut que l'issue du tuyau soit élevée à peu près de 10 mètres au-dessus de l'aire du foyer.

De la vitesse de l'air chaud dans les tuyaux.

D'après ce que nous avons dit, si l'on désigne par p et p' les poids de deux colonnes d'air ayant la section et la hauteur du tuyau de cheminée, la première à la température de l'air extérieur, la seconde à la température de l'air chaud du tuyau, la force qui déterminera l'ascension sera $p-p'$.

Ou bien, si ramenant la colonne d'air froid à la hauteur nécessaire pour que son poids ne varie pas, sa température devenant égale à celle de l'autre colonne, et appelant h la différence des hauteurs de ces colonnes, la vitesse d'écoulement peut s'exprimer par la formule :

$$V = \sqrt{2\,g\,h}.$$

Or, il est facile d'exprimer h en fonction des éléments que l'on connaît immédiatement.

Si H est la hauteur du tuyau, t et t' les températures de l'air froid et de l'air chaud

$$h = Ha\,(t'-t)$$

a étant le nombre constant 0,00367.

Cette formule n'est pas rigoureusement exacte, car on omet de diviser la valeur de h par $1+a\,t$, mais ce terme est toujours assez voisin de 1 et peut être négligé.

D'autre part, on suppose encore que l'air brûlé est de même nature que l'air extérieur ; ceci n'est pas exact. Cependant le résultat précédent, au point de vue pratique, suffit parfaitement et l'erreur commise est négligeable. En effet, les gaz qui remplissent le tuyau sont un mélange d'acide carbonique et d'azote, mais il y a aussi une forte proportion du volume total composé d'air qui a échappé à la combustion, de telle sorte que la densité du mélange diffère assez peu de celle de l'air pour qu'on puisse la regarder comme ne changeant pas.

Enfin, on néglige encore dans l'établissement de la formule précédente, l'influence du frottement des gaz contre les parois des tuyaux, qui a évidemment pour effet de diminuer la valeur que nous avons trouvée pour la vitesse d'écoulement.

Appelons P la pression qui donnerait lieu à la vitesse théorique, et p celle qui donne lieu à la vitesse réelle d'écoulement, l'on a pour la perte due au frottement

$$P - p = \frac{K H}{D} v^2$$

H étant la hauteur de la cheminée, D le diamètre, et K un coefficient variable d'après la nature du tuyau.

Comme $p = 2 g v^2$, on peut mettre cette formule sous la forme

$$v^2 = \frac{2g \, P D}{D + 2g \, K H}$$

M. Peclet a trouvé les valeurs de K pour certains cas déterminés :

Cheminées en poterie.	0.0127
— en tôle.	0.005
— en fonte.	0.0025
— tapissées de suie.	0.0025

v est la vitesse de sortie à l'extrémité de la conduite.

Cette formule a permis de prévoir un résultat important, que l'on a vérifié par l'expérience, que les changements de direction n'avaient pas d'influence.

Il est bien évident que les variations de vitesse résultent de deux causes : du décroissement de pression et du refroidissement. Cette seconde cause surtout doit avoir, semblerait-il, une grande influence, et il faudrait en réalité pour calculer la vitesse d'écoulement, chercher sa valeur en chaque point de la conduite en tenant compte de la température particulière qui règne en ce point. Mais heureusement, l'étude même de la formule a permis de reconnaître qu'en prenant une valeur moyenne de la température, les résultats donnés s'écartaient suffisamment peu de ceux obtenus en tenant compte des différences de température, quant au volume total écoulé, pour qu'au point de vue pratique cette solution approchée suffise amplement.

Sans nous étendre davantage sur l'établissement des formules qui correspondent à tous les divers cas qui peuvent se présenter, et qui d'ailleurs s'établissent à l'aide des principes précédents, nous énoncerons un certain nombre de conséquences qui renferment des éléments pratiques relatifs à la question qui nous occupe.

Les changements de direction, comme nous l'avons déjà dit, n'ont pas d'influence sensible sur la valeur de la vitesse d'écoulement.

Un cas assez intéressant, parce qu'il se présente constamment dans la pratique, c'est celui du rétrécissement de la cheminée à la partie supérieure. La vitesse de l'air dans le canal est diminuée, et par suite le frottement; il en résulte que la pression génératrice subit une moins grande perte et que la vitesse d'écoulement par l'orifice est augmentée et d'autant plus que la section de l'orifice est plus petite par rapport à celle de la cheminée. De là, l'usage des mitres placées au sommet des cheminées qui ont pour effet d'augmenter la vitesse de sortie et de combattre les effets dus aux vents extérieurs, questions sur lesquelles nous reviendrons plus loin.

Ainsi, on obtient à peu près la vitesse maxima quand le diamètre de la cheminée est 2 à 3 fois celui de l'orifice de sortie.

En général, on peut admettre que tout obturateur placé dans un conduit de cheminée, produit le même effet, quelle que soit la place qu'il occupe, à l'entrée, à la sortie, ou au milieu.

Les foyers ne débouchent pas ordinairement directement dans les conduits. Il y a entre les deux une partie de raccordement qui affecte généralement une forme conique. Ces ajustages coniques ont pour effet d'augmenter la vitesse d'écoulement à leur passage.

On peut conclure en général : 1° que dans un canal parcouru par l'air, la perte de hauteur motrice due à un étranglement est beaucoup plus petite que la différence des vitesses dans l'étranglement et après; 2° que la perte réelle est un peu plus grande que la différence des hauteurs correspondantes aux vitesses multipliées par le rapport de la surface de l'orifice à celle du canal qui suit l'étranglement; 3° que le rélargissement brusque d'un canal, du moins dans une certaine étendue et dans de certaines limites, a peu d'influence.

On se trouve souvent dans la pratique en présence de plusieurs cheminées desservant des appareils distincts et débouchant dans un même canal, qui conduit les produits de la combustion au-dehors. C'est là un cas intéressant à étudier, car si l'on n'observe pas certaines précautions, il peut en résulter que les appareils fonctionnent mal.

La cheminée commune doit d'abord avoir une section égale au moins à la somme des sections de celles qui y débouchent. Il faut ensuite considérer les deux colonnes qui se trouvent en présence, d'abord au point de rencontre, jusqu'au moment où les deux courants circulant dans le conduit commun ont des directions parallèles. Dans la première phase, si l'une des colonnes a une plus grande vitesse que l'autre, elle s'opposera à la sortie de celle-ci, et l'appareil dont elle dépend fumera. Cet inconvénient peut être évité en plaçant en regard du point de rencontre un diaphragme divisant le tuyau commun en deux, jusqu'à ce que les deux courants aient pris des directions parallèles. L'effet inverse tend alors à se produire, la colonne douée de la plus grande vitesse agissant par entraînement sur l'autre, et tendant à augmenter le tirage du second appareil.

Si l'on étudie la perte de chaleur due à la température de l'air dans la cheminée, on trouve, en admettant que la température de l'air extérieur soit de 0°, et celle de la fumée dans la cheminée 300°,

717 unités sur	3600	produites par	le bois sec.
597 —	2800	—	le bois ordinaire.
1798 —	7500	—	la houille.
1462 —	6000	—	le coke.
941 —	3600	—	la tourbe ordinaire.

DEUXIÈME PARTIE

APPAREILS DE CHAUFFAGE

───◦◦◦───

CHAPITRE Ier.

Des conduits de Fumée.

L'installation de tout appareil de chauffage, quelle qu'en soit la nature, se divise en deux opérations. Tout d'abord la construction du conduit par lequel seront expulsés au-dehors les produits de la combustion, et puis ensuite celle de l'appareil proprement dit, cheminée, poêle, fourneau, etc., où s'opèrera la combustion de la matière destinée à produire la chaleur.

La première partie du travail est donc en quelque sorte indépendante de la nature de l'appareil employé, aussi commencerons-nous par étudier cette première question avant de nous occuper de l'examen des appareils de chauffage.

§ 1. COFFRES DE CHEMINÉE.

Lorsque les conduits qui servent à l'évacuation de la fumée, font partie de la construction même du bâtiment, et c'est le cas le plus fréquent, leur construction est beaucoup plus du ressort de l'industrie du maçon que de celle du fumiste. C'est en effet, le ma-

çon qui les établit en même temps qu'il élève les
murs. Nous passerons donc rapidement sur cette partie du travail, renvoyant pour les détails à ce qui a
été dit sur ce sujet dans le *Manuel du Maçon*, faisant
partie de l'Encyclopédie.

Pendant longtemps les corps de cheminées ont été
uniquement faits en plâtre, travail qui porte même
un nom spécial : le *Pigeonnage*. Cette coutume tend de
plus en plus à disparaître.

Les cheminées construites en plâtre, dit M. Guyton-Morveau, n'offrent point de solidité ; les meilleurs ouvriers conviennent qu'il faut les reconstruire
tous les 20 ou 25 ans au plus, c'est-à-dire qu'après
une aussi courte durée il faut démolir au moins tout
ce qui s'élève hors du toit, découvrir une partie des
combles pour placer les échafauds, et exposer les pla-
fonds, les boiseries, etc., à être dégradés par les
pluies ; le plus souvent, sans attendre ce terme, on
est obligé de les réparer, de remailler les écaries qui
se détachent, et de boucher les crevasses qui s'y forment ; elles sont d'autant moins sûres, que ce n'est
pas seulement dans la partie qui s'élève au-dessus
des toits qu'il se forme des crevasses, il s'en forme
aussi dans leurs parois inférieures, presque toujours
recouvertes de lambris, de papiers de tenture, etc.,
de sorte qu'on n'est averti que quand la fumée commence à prendre cette route, et par les traces qu'elle
laisse de son passage. Ces dégradations sourdes sont
si communes, même dans les cheminées construites
ou refaites depuis peu d'années, que l'on ne peut
trop s'étonner que les incendies qu'elles peuvent
occasionner ne soient pas plus fréquents. Les anciens
règlements défendent expressément d'approcher des

cheminées aucun bois, sans qu'il y ait au moins
16 centimètres de charge; ne serait-ce pas surtout
aux cheminées élevées tout en plâtre, que l'on devrait faire une sévère application de cette disposition?
Le plâtre est la matière la moins propre à construire
des cheminées, quand il n'est pas simplement employé à assembler et à revêtir des matériaux d'une
plus grande ténacité; l'eau des pluies, et celle qui
s'élève avec la fumée, l'attaquent très-promptement;
la chaleur de l'intérieur lui fait éprouver une dessiccation, ou pour mieux dire, un commencement de
calcination qui détruit insensiblement la liaison de
ses parties.

Ce n'est pas tant parce que les tuyaux en plâtre
coûtent moins que ceux en briques, que l'on adopte
ce genre de construction; ce qui détermine cette
préférence, c'est la commodité qu'il présente pour
construire avec moins d'épaisseur, pour placer plusieurs tuyaux sur une même ligne, pour les dévoyer
sans les soutenir hors de leur aplomb; pour les adosser enfin les uns aux autres, sans faire de trop grandes saillies dans les appartements.

Les cheminées construites sur ces dimensions *sont
très-sujettes à fumer;* le seul moyen de s'en garantir est de réduire les tuyaux de conduite à des dimensions telles qu'ils soient en proportion de la
masse de vapeurs fuligineuses qu'ils doivent recevoir; qu'ils ne soient pas assez resserrés pour donner
lieu, dans aucun temps, à la poussée par la chaleur;
qu'ils ne soient point assez grands pour qu'il puisse
s'y établir deux courants, l'un ascendant, l'autre
descendant; pour qu'enfin les vapeurs et les gaz à
demi-condensés ne deviennent pas incapables de ré-

sister à la pression de l'atmosphère et à l'impulsion du moindre vent.

Ces principes sont tellement ignorés de la plupart des constructeurs, que, lorsqu'il s'agit d'échauffer l'antichambre, c'est-à-dire la plus grande pièce de la maison, où le feu est communément le premier allumé et le dernier éteint, ils placent un gros poêle dans une niche, et ne donnent d'issue à la fumée que par un tuyau de 11 à 14 centimètres de diamètre ; tandis que, dans d'autres pièces moins vastes, où l'on ne consomme pas souvent la moitié du bois, la fumée est reçue dans un canal de 97 centimètres de long sur 27 centimètres de large, c'est-à-dire ayant dix-sept fois plus de capacité.

Le remède le plus généralement employé, c'est les *ventouses*, c'est-à-dire le rétrécissement du tuyau par une cloison mince que l'on pratique dans l'intérieur, le plus souvent jusqu'à la hauteur du toit, ou du moins jusqu'au grenier. On croit que l'effet de cette construction est de ramener dans l'appartement l'air que ce conduit reçoit d'en haut par une petite ouverture latérale : il est bien plus dans la diminution de la capacité du tuyau : on en a la preuve si l'on bouche l'orifice inférieur d'une ventouse, ce qui arrive fréquemment, soit en changeant la forme des âtres, soit pour n'avoir plus à supporter l'incommodité d'un torrent continuel d'air froid.

Le moyen de remédier à la fumée par les ventouses contribue à diminuer la solidité des cheminées et donne lieu à de graves accidents ; car quelle solidité peut-on donner à de larges et minces carreaux de plâtre qu'on est obligé de placer après coup dans un tuyau de 27 centimètres, dont il faudrait crever un côté pour les loger dans des écharpements, et qu'on ne fixe que par un léger jointoiement sur des parois à peine dépouillées de suie? Les crevasses, les *déjoints* ne tardent pas à s'y former par l'action de la chaleur et des vapeurs *aqueuses*. On en a la preuve dans les démolitions de toutes les cheminées ainsi cloisonnées. Que la fumée prenne cette route, il s'y dépose, à la longue, de la suie que le ramoneur ne peut faire tomber; et à la première étincelle, le foyer est d'autant plus dangereux, que la flamme est portée par le trou de la ventouse plus près de la charpente, quelquefois même au-dessous du toit.

L'idée de remplacer les lourds tuyaux carrés en maçonnerie qui occupent un grand espace dans les appartements, est assez ancienne et a été l'objet des recherches de plusieurs artistes. En 1809, *M. Brullée* imagina d'appliquer des tuyaux en terre cuite à une cheminée; avant lui, M. Olivier avait employé le même moyen pour ses calorifères, et l'on connaît des cheminées de *Désarnod* qui se terminent par un gros tuyau montant. D'ailleurs, depuis longtemps on fait usage de poêles dont le tuyau inférieur passe dans les appartements supérieurs pour les échauffer. On peut citer à cet égard le poêle ventilateur que Curaudeau a appliqué avec succès au chauffage des ateliers de la manufacture de porcelaine de *M. Nast*.

Une colonne creuse, en terre cuite, semblable à celle que l'on met sur les poêles, est placée sur le milieu de la tablette dans la cheminée de M. Brullée, ou sur chacun des côtés, et il propose de la prolonger dans tous les étages supérieurs, de manière qu'en supposant qu'il y eût une cheminée au rez-de-chaussée, une au premier étage et une au second, il y aurait au rez-de-chaussée au moins un tuyau composé de tronçons de colonnes isolées du mur ; au premier étage il y aurait deux tuyaux, et au second étage il y en aurait trois. Cette construction permettrait de remplacer les gros murs par des cloisons couvertes de plâtre, de 21 centimètres d'épaisseur, ou des murs bâtis en pierre ou en briques de 27 centimètres, et de gagner ainsi 65 centimètres d'emplacement dans la longueur des appartements. Elle aurait en outre l'avantage de garantir des incendies qu'occasionnent les tuyaux ordinaires des cheminées ; d'assurer aux propriétaires une économie assez considérable sur les dépenses de construction ; de supprimer les têtes de cheminées, les mitres et leurs murs dosserets qui excèdent les combles des bâtiments, et dont la chute, occasionnée par les grands vents, expose les passants à de fréquents accidents.

Il est hors de doute que des tuyaux de cheminées en terre cuite, fabriqués avec soin, n'auraient pas les défauts des tuyaux actuels. En employant quelques précautions pour leur faire traverser les planchers, ils offrent le moyen de placer des cheminées presque partout dans les maisons déjà construites. En isolant les tuyaux des murs, ils laisseront dégager plus de calorique que les tuyaux ordinaires. En les engageant dans les murs et en les revêtissant de plâtre, ils seront plus solides et occuperont moins d'espace. Enfin, ils participeront à plusieurs des avantages reconnus généralement aux tuyaux de petite dimension construits en brique, en usage à Lyon et dans plusieurs autres villes ; ils pourront être ramonés avec une corde et un fagot de ramée.

Néanmoins, ces constructions peuvent causer de fréquents incendies ; si la suie, amassée dans ces conduits, vient à prendre feu, la haute température, développée tout-à-coup, fait fendre ou tomber en éclats une partie du tuyau, et la flamme peut pénétrer jusqu'aux pièces de bois les plus voisines et gagner ensuite tout le reste de la maison. Pour éviter ce danger, on a proposé de vernir l'intérieur de ces tuyaux, comme on vernit la poterie ordinaire servant à la cuisson des aliments, afin que la suie ne s'attache pas avec autant de facilité aux parois du tuyau ; mais ce moyen ne présente pas encore assez de sécurité, et on préfère faire usage de tuyaux en fonte qui réunissent à une grande solidité l'avantage de pouvoir utiliser une partie de la chaleur que la fumée emporte, parce que, comme on le sait, la fonte est meilleur conducteur du calorique que les briques et le plâtre.

Enfin, M. Gourlier a imaginé, en 1824, de former des tuyaux au moyen de briques cintrées d'un quart de cercle chacune, dont quatre, réunies, présentent un cylindre creux, de 21 à 24 centimètres de diamètre, et un carré de 43 centimètres, y compris leurs angles extérieurs. On leur fait couper liaison en les superposant ; on les réunit par un léger coulis de plâtre et un enduit de même matière, ce qui donne dans la partie la plus mince, c'est-à-dire la plus cintrée à la face du mur, au moins 8 centimètres d'épaisseur. Ces briques sont de deux modèles ; elles se terminent par des angles à l'extérieur, se lient parfaitement avec les moellons, parce qu'elles jettent des harpes qui les y attachent : on peut former plusieurs tuyaux semblables et contigus, qui font corps ensemble et se consolident les uns les autres.

Le diamètre donné aux tuyaux de M. Gourlier ne permet pas à un enfant de s'y introduire pour les ramoner; mais il y remédie facilement à l'aide d'un cylindre plein, attaché à une chaîne qu'on introduit par l'orifice supérieur pour le laisser couler jusqu'au bas. Les crevasses qui pourraient se faire à la longue par le joint des briques, sont faciles à réparer ; enfin, comme ces tuyaux ne font point saillie dans les appartements, comme ceux qui sont adossés aux murs et qu'ils occupent peu d'espace, ils ne peuvent nuire ni aux dispositions qu'on y veut faire, ni à leur régularité, ils offrent des moyens plus faciles de placer les planchers.

Moyen pour déterminer les dimensions des tuyaux de cheminées.

Lorsque la hauteur d'une cheminée est fixée, on part de cette limite pour déterminer les dimensions du passage de la fumée, ou de la section du tuyau dé la cheminée ; car, plus une cheminée est élevée, moins la section de son tuyau devra être grande pour brûler une quantité de combustible donnée en un temps déterminé, parce que l'air montera beaucoup plus vite. Supposons, par exemple, qu'on se propose de brûler 80 kilogrammes de charbon par heure ; que la cheminée ait 20 mètres de hauteur, et que la température intérieure dans le tuyau de la cheminée soit de 150 degrés.

Nous avons déjà dit qu'il fallait 20 mètres cubes d'air par kilogramme, ce qui fait pour 80 kil. 1,600 mètres cubes.

L'air, à 150 degrés, sera dilaté de 150×0.0375 = 1^m.563, un mètre deviendra donc 1^m.563.

La colonne de la cheminée qui a 20 mètres n'équivaudrait qu'à $\dfrac{20}{0.64} = 12^m.80$.

En ajoutant l'augmentation de 1126 due au carbone combiné, elle équivaudra à $12^m.80 + \dfrac{12.50}{26}$
$= 13^m.30$.

Ainsi, l'excès de la colonne extérieure sera de 20^m
$- 13^m.30 = 6^m.70$.

La vitesse due à la pression de $6^m.70$ est de 4.43
$\times \sqrt{6,70} = 11^m.45$ par seconde, et par heure $11^m.45$
$\times 3600 = 41220^m$. La section horizontale de la cheminée devra donc être de $\dfrac{1600}{41220} = 0^m.0388$, environ un carré de 2 décimètres de côté.

Ces résultats ne sont pas rigoureusement applica-
bles, parce que toutes les données sont variables, la
nature et la qualité du combustible, les différentes
températures de l'atmosphère, les vents, les rayons
du soleil, la suie, etc., etc.; et, pour ne pas être au-
dessous de l'ouverture nécessaire au passage de la
fumée, il faudra quadrupler la surface de la section
trouvée par le calcul. Il est préférable, d'ailleurs,
d'avoir un tuyau de cheminée plutôt trop large que
trop étroit, vu qu'il est facile de le diminuer au moyen
d'une trappe à bascule.

On a reconnu par expérience, que pour une cheminée d'appartement ordinaire, un tuyau circulaire
de 15 à 20 centimètres de diamètre, ou de toute autre forme, ayant 3 à 4 décimètres de surface, était
presque toujours suffisant.

Les poteries employées, qui sont le plus souvent à
sections rectangulaires, présentent comme dimensions
dans leur section en général, $0^m.32$ sur $0^m.20$ à $0^m.25$.

§ 2.   TUYAUX.

Nous entendons plus spécialement sous le nom de tuyaux, les conduits en métal, employés pour réunir l'appareil de chauffage avec le coffre construit dans le mur, lorsque cet appareil n'est pas adossé directement contre les parois de la pièce qu'il doit chauffer. C'est le cas de presque tous les poêles et de quelques cheminées, comme la cheminée à la prussienne.

On se sert bien encore quelquefois dans ce cas de poteries, mais le plus souvent ce sont des tuyaux en tôle ou en laiton quand on veut obtenir des effets de décoration, mais ce dernier emploi ne donne pas, au point de vue du chauffage, des résultats aussi avantageux que la tôle noircie, ainsi qu'il a été expliqué dans la première partie.

La construction de ces tuyaux se fait soit à la main, soit avec le concours de machines spéciales qui permettent d'établir ces ustensiles beaucoup plus rapidement. Ces machines n'offrent rien de bien particulier, quant à la construction particulière des tuyaux de poêle ; le *Manuel du Plombier-Zingueur,* qui comprend l'étude générale des procédés de fabrication de tous les divers genres de tuyaux, en renferme la description détaillée.

L'appareil simple, dû à M. Jordan, est celui qui convient le mieux dans le cas actuel. La tôle ayant été découpée suivant la largeur correspondante au développement du cylindre formant le tuyau à construire, on saisit un des bords de la feuille dans une rainure longitudinale d'un cylindre de bois de même grosseur que l'intérieur du tuyau, en repliant légèrement la feuille sur ce mandrin. Cette pièce de l'appareil se fixe par des tourillons dans des encoches pratiquées sur les jambes d'un bâti, en regard d'un semblable formant avec le premier une sorte de laminoir. On comprend aisément que si, à l'aide d'une manivelle, on imprime un mouvement de rotation autour de son axe à l'un de ces cylindres, la feuille de tôle entraînée et saisie dans le laminoir, viendra prendre exactement la forme du manchon intérieur. On a eu soin en la coupant de lui donner assez de largeur pour que les deux tranches présentent un recouvrement de quelques centimètres.

On retire le cylindre formé, on passe aux extrémités deux bagues qui le maintiennent fermé, et on le fait glisser sur une tige de fer, afin de pouvoir, avec un poinçon et un marteau, pratiquer une série de trous, traversant les deux bords en recouvrement, espacés de $0^m.10$ à $0^m.15$ entre eux. Pour terminer le tuyau, il n'y a plus qu'à fixer les deux feuilles invariablement à l'aide de rivets traversant les trous qu'on vient de pratiquer.

Quelquefois, les tuyaux ne sont point rivés, mais simplement agrafés : les deux bords sont d'abord préparés dans des rainures du manchon disposées à cet effet, puis la forme donnée à la feuille, ces deux bords façonnés pénètrent l'un dans l'autre formant une agrafure qu'il n'y a plus qu'à rabattre au marteau sur une bigorne. En posant deux ou trois rivets seulement sur toute la longueur du tuyau, on obtient des pièces aussi solides que celles qui sont rivées sur toute leur longueur, et qui sont plus économiques.

Les coudes employés si fréquemment sont de deux sortes, à angle rectiligne, ou courbe. Les premiers

sont formés par deux portions droites dont une
des extrémités sur chaque pièce a été tranchée suivant l'inclinaison du plan de rencontre des deux
côtés du coude, puis on réunit ces deux parties par
agrafure, c'est-à-dire qu'on relève au marteau le
bord à angle droit sur lui-même pour une des parties; pour l'autre, opérant sur une bande plus large,
après l'avoir repliée une première fois à angle droit,
on la replie sur elle-même par le milieu; le rebord
de la première pièce est introduit dans le petit U
formé sur la seconde, et le tout est rabattu sur le
corps du tuyau.

Les coudes en courbe se font en retreignant et
étendant la matière au marteau comme cela se pratique pour tous les travaux de chaudronnerie.

Lorsque, pour obtenir des effets décoratifs, on veut
donner aux tuyaux des formes architecturales telles
que celles de la colonne toscane ou dorique, les bases
et les chapiteaux sont généralement formés à l'aide
de pièces auxiliaires de chaudronnerie, disposées en
bagues, que l'on enfile sur le tuyau proprement dit,
et que l'on arrête à l'aide de rivets. Ce genre de travail, que l'on peut varier d'ailleurs à l'infini, dépend
de l'industrie de la chaudronnerie, et l'on pourra
trouver à son sujet tous les renseignements désirables
dans le *Manuel du Chaudronnier, Tôlier*, faisant partie
de l'*Encyclopédie-Roret*.

Machines à courber les tuyaux de poêle.

Depuis quelque temps, on rencontre dans le commerce, des tuyaux de tôle courbés en arc de cercle,
qui remplacent avantageusement les tuyaux courbés

à angle vif. Cette courbure est amenée en produisant, dans le tuyau originairement droit, des plis transversaux qui sont les plus prononcés vers la concavité du coude, et qui diminuent progressivement en s'approchant de la convexité.

La machine qui sert à faire ce travail est assez simple. Elle se compose d'un bâti, garni d'une plaque de fonte avec deux supports portant un mandrin cylindrique correspondant exactement au diamètre du tuyau. Le mandrin est fixé à un bout, et l'un des supports peut glisser sur le banc.

Vers le bout du mandrin et du banc s'élèvent deux pinces : l'une fixe et verticale, l'autre pouvant prendre une position oblique, puis être ramenée également dans la position verticale. Ces pinces, agencées en deux pièces à charnières autour d'une tige sortant de la plaque de fonte, reçoivent une garniture en acier correspondant exactement au diamètre du tuyau.

Le support opposé aux pinces se termine par des joues verticales servant de coussinet pour un arbre coudé monté sur un levier, auquel on peut imprimer un mouvement de va-et-vient. Cet arbre passe au travers d'une glissière mobile sur un axe fixé au banc de l'appareil ; et cette glissière, à son tour, est reliée par deux tringles à la pince mobile.

Le mouvement de va-et-vient du levier a pour effet, dans un sens, à l'aide d'une crémaillère et d'un rochet, de produire l'avancement du tuyau de l'intervalle correspondant à celui qui séparera deux plis consécutifs, dans l'autre, de ramener la pince de la position oblique à la position verticale en courbant le tuyau, et y produisant ce pli comprimé formant un renflement sur la concavité et allant mourir sur la convexité.

Une machine américaine, perfectionnée, permet de rabattre ces portions de nervures saillantes, mais on ne saurait l'appliquer qu'avec des tôles de première qualité, sans cela ce rabattement entraine le plus souvent une déchirure.

CHAPITRE II.

Des Cheminées.

---

§ 1. DES CHEMINÉES EN GÉNÉRAL.

Les cheminées sont des appareils à foyer ouvert, chargés d'un combustible qui n'échauffe la salle où ils se trouvent que par rayonnement. C'est le mode de chauffage presqu'exclusivement adopté en France et en Angleterre, avec le bois le plus souvent comme combustible chez nous, et presqu'exclusivement le charbon de terre chez nos voisins. La vue du feu qui apporte une grande gaieté dans les appartements, est une des raisons qui le font préférer aux autres appareils, bien que donnant des résultats générale-ment inférieurs, au point de vue de la bonne utilisa-tion du combustible. Mais ils procurent une illusion, une facilité de se chauffer tout d'un coup très-rapide-ment lorsqu'on s'approche du foyer, qui en justifie l'emploi. Ils contribuent aussi puissamment à la bonne aération des pièces, et si de ce côté ils sont préférables aux poêles, ils portent avec eux l'incon-vénient de cette qualité, et demandent pour ce motif d'être établis dans des conditions bien raisonnées pour le milieu où on les place.

En effet, le grand courant d'air qui passe constamment par une cheminée ouverte et qui dans les mieux construites s'élève au minimum à 60 mètres cubes par kilogramme de bois brûlé, exige l'introduction dans la salle à chauffer d'un égal volume d'air, soit par des ventouses disposées à cet effet dans le coffre de la cheminée, sous la plaque de fondation ou dans les angles opposés de la salle, soit par les joints des portes et des fenêtres. Ce courant d'air froid, rayonnant de tous les points accessibles de la circonférence pour se diriger vers le foyer, refroidit tout sur son passage et emporte ensuite dans les conduits une nouvelle portion de la chaleur dégagée par le combustible.

Tout le monde d'ailleurs sait que dans une pièce pourvue d'une cheminée, s'il y a quelque baie mal close il circule au niveau du parquet un courant d'air d'autant plus froid que la température est plus basse au dehors, et que souvent malgré un feu très-ardent, on ne peut se réchauffer qu'en se plaçant tout près du foyer.

La construction des cheminées réclame donc quelques soins attentifs, si l'on veut conserver les avantages de ces appareils tout en en évitant les inconvénients.

Ces conditions peuvent se résumer ainsi :

Disposer le foyer de manière à renvoyer dans la salle la plus grande proportion possible de chaleur rayonnante.

Poélier-Fumiste. 4

Réduire au minimum la quantité d'air appelé par la cheminée, pour qu'elle corresponde exactement à celle nécessaire à la combustion.

Fournir à la salle au lieu d'air froid, de l'air déjà échauffé.

Enfin, utiliser pour chauffer la salle autant que possible, toute la chaleur emportée par la flamme et la fumée dans les conduits, et qui serait dépensée en pure perte.

Le petit calcul suivant, démontre bien clairement les inconvénients que nous avons signalés et la nécessité absolue d'avoir toujours à l'esprit les conditions précédentes lorsqu'on construit un de ces appareils.

En effet, un tuyau de cheminée présente ordinairement une surface de $0^m.25$, ou un quart de mètre carré ; et, en supposant que la vitesse moyenne du courant d'air chaud dans ce canal soit de 2 mètres par seconde, ce qui est très-peu, il en passera par le conduit $0^m.50$, ou un demi-mètre cube par seconde, 30 mètres cubes par minute, et 1,800 mètres cubes par heure. Ainsi, l'air d'un appartement de 100 mètres cubes de capacité serait renouvelé en entier dix-huit fois pendant une heure. On conçoit qu'une telle circulation doit occasionner un refroidissement considérable.

Enfin, une expérience faite dans une chambre contenant 100 mètres cubes d'air, chauffée par une cheminée ordinaire, a donné pour résultat une élévation moyenne de température de 2 degrés et demi centigrades, et on avait brûlé 12 kilogrammes de charbon de terre ; ce qui, d'après les calculs, a démontré que le charbon avait donné plus de mille fois la quantité de chaleur qui serait nécessaire pour échauffer le même espace, s'il n'y avait eu aucune déperdition.

Avant de passer à la description d'un certain nombre d'appareils particuliers, consacrés par l'usage, nous croyons utile d'indiquer d'une façon générale les règles à observer pour les dimensions à donner en établissant un semblable appareil, règles qui sont indépendantes des particularités de la construction.

Pour introduire dans une pièce l'air nécessaire à la cheminée, il faut y établir des ventouses bien proportionnées et placées de manière à ventiler complètement la salle, c'est-à-dire près du sol, et à des points opposés à la cheminée, pour que toute la masse d'air se trouve renouvelée, ce qui s'opère complètement en vertu du courant montant et descendant qui existe toujours dans une pièce échauffée; il faut bien se garder aussi de compter sur les joints des portes et des fenêtres, moyen tout à fait insuffisant et qui expose à des courants d'air désagréables, tandis que ceux des ventouses convenablement placées donnent des courants beaucoup moins sensibles.

En tous cas, il faut leur donner *une somme d'ouverture égale au passage libre de la cheminée à son entrée,* condition essentielle, et dont il faudra au moins se rapprocher toujours autant que possible.

La cheminée doit avoir seulement la section nécessaire pour brûler son combustible, sans être trop rapidement engorgée de suie, et l'expérience prouve que pour du bois, un tuyau cylindrique de 22 à 25 centimètres suffit pour les grandes pièces, comme les salons, où il se réunit à la fois un grand nombre de personnes, et où la ventilation doit être puissante.

On donne de 16 à 18 décimètres carrés de section au foyer, c'est-à-dire 0m.80 sur 0m.22 au moins. Il vaut d'ailleurs toujours mieux pécher par excès que par défaut, les cheminées possédant toujours un rideau régulateur, on est maître de régler l'ouverture.

Enfin, quand un coffre de cheminée est plus grand que les sections indiquées, et qu'on l'étrangle par le bas pour diminuer le volume d'air écoulé, et le contraindre à traverser tout le combustible, il faut également étrangler le sommet du tuyau, le ramener à une même section que celle de l'étranglement inférieur, afin de régulariser la vitesse de sortie des produits de la combustion.

§ 2. CHEMINÉES ORDINAIRES.

Les premières cheminées qui furent établies consistaient dans une simple excavation carrée ou rectangulaire ménagée dans le mur, et communiquant à l'extérieur par un tuyau soit pratiqué lui-même dans l'épaisseur du mur, soit monté en dehors. On comprend aisément toutes les imperfections d'un semblable appareil, qui ne satisfaisait à aucune des conditions que nous avons énoncées. Il est vrai qu'en se reportant à des temps assez reculés, on avait alors des pièces beaucoup plus vastes que celles que présentent nos appartements modernes, que l'on brûlait des masses de bois considérables, lequel ne valait pas les prix élevés actuels. Malgré cela, quand on examine les salles des châteaux du moyen âge et de la renaissance, on ne peut guère admettre qu'elles fussent jamais bien chauffées. Il est vrai que les fe-

nêtres et les portes étaient toujours relativement
petites, et garnies d'épaisses tentures qui combat-
taient énergiquement le tirage que ces cheminées
devaient produire.

On rencontre encore dans quelques vieilles fermes
au fond de la province des cheminées de ce genre,
mais il est bon de remarquer que les usages locaux
correspondaient bien à la nature de l'appareil employé. Il n'est pas rare, en effet, de trouver ces cheminées établies sur les dimensions d'une petite
pièce, garnie le long des parois latérales de bancs où
l'on prenait place pour la veillée. C'était bien, en
effet, là, le seul moyen de se chauffer.

Cheminées à la Rumford.

On n'a pas tardé, d'ailleurs, à modifier le mode de
construction des cheminées et nous donnons fig. 1,

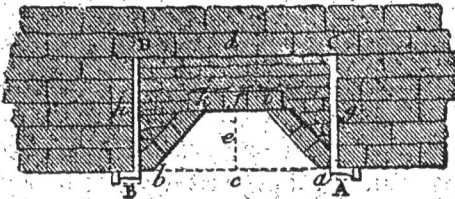

Fig. 1.

la vue d'un de ces appareils réduit à sa plus simple
expression.

Au lieu de disposer les deux parois latérales ou
jambages A C, B D, perpendiculairement au mur, on
les a construit obliques, bk, ai, faisant chacune avec
le fond, dit contre-cœur ik, un angle d'environ 135°.

De plus, la profondeur de la cheminée a été notablement diminuée, rapprochant ainsi le foyer du côté
de la chambre.

C'est à Rumford que l'on doit les premières études
sérieuses sur les meilleurs procédés de construction
des cheminées, c'est lui qui a indiqué les prescriptions précédentes, d'où le nom de *cheminée à la Rumford* donné souvent à ces appareils.

Les principes qu'il a posés peuvent se résumer
ainsi :

Ramener le feu en avant, pour réduire la profondeur du foyer, et augmenter le champ circulaire du
dégagement du calorique rayonnant, en inclinant au
dehors, évasant les parois, les construisant en matériaux blancs et polis comme la faïence ou la brique
vernissée, ce qui augmente leur pouvoir réfléchissant.

Ainsi, Rumford avait énoncé que l'ouverture de la
gorge doit être seulement de 10 centimètres pour
les cheminées de dimensions ordinaires, et de **12 à
13**, pour celles destinées à chauffer de très grandes
pièces.

Il fait remarquer qu'on pourra trouver extraordinaire que, pour des cheminées de dimensions beaucoup plus grandes, il prescrit d'augmenter à peine la
profondeur de la gorge ; mais il assure qu'il a vu de
ces sortes de cheminées réussir parfaitement en ne
leur laissant que 10 centimètres ; d'ailleurs, il faut
faire attention que la capacité de l'entrée du tuyau de
la cheminée ne dépend pas seulement de sa profondeur, mais bien de ses deux dimensions prises ensemble, et que, dans les plus grandes cheminées, la
longueur de l'ouverture est plus considérable.

Pour donner passage au ramoneur qui doit monter dans la cheminée par la gorge *d e* (fig. 2), Rumford fait pratiquer dans le milieu du massif *mckl*, et à une distance de 27 à 29 centimètres au-dessous de la gorge ou du manteau, une ouverture d'environ 32 centimètres de largeur ; mais, comme ce passage augmenterait en cet endroit la profondeur de la gorge, il le fait recouvrir en maçonnerie sèche, de briques ou

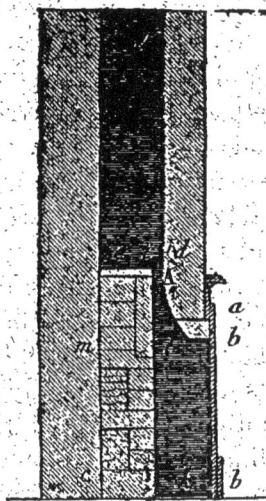 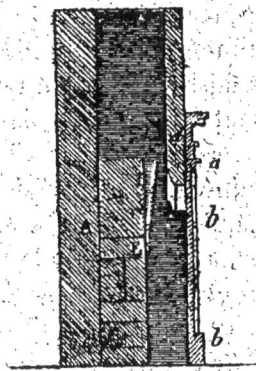

Fig. 2.   Fig. 3.

de pierres taillées exprès ; et chaque fois qu'on veut faire le ramonage, on enlève ces pierres, qu'on replace ensuite avec beaucoup de facilité.

Pour éviter cette opération, on peut placer à la gorge *d e* (fig. 3) de la cheminée, un registre à bascule, ou trappe de tôle ou de fer coulé, fixée à charnière en E, de sorte qu'on peut augmenter ou diminuer à volonté l'ouverture du passage de la fumée. Ce moyen pré-

sente encore l'avantage de pouvoir retenir la chaleur
dans la chambre lorsque le feu est éteint, en fermant
entièrement cette trappe.

Le nouveau contre-cœur ou massif c, m, k, l (voir
fig. 2), ainsi que les nouveaux jambages latéraux,
doivent être élevés jusqu'à 13 ou 16 centimètres au-
dessus du point A, où commence le tuyau vertical de
la cheminée, et leur maçonnerie, suivant l'auteur,
doit être terminée horizontalement, pour éviter le refoulement de la fumée; parce que, dit-il, il est beaucoup plus difficile au vent qui descend de trouver et
de forcer son chemin par le passage étroit qui se présente, lorsqu'aucune inclinaison n'y conduit.

Rumford fait arrondir la partie antérieure au lieu
de la laisser plate, et dit qu'il faut faire en sorte qu'elle
présente une surface lisse et sans aspérités.

Il recommande aussi de revêtir les parois de ses
cheminées, d'un crépissage qu'on rendra lisse et
poli, qu'on conservera en blanc ou qu'on peindra au
blanc, afin d'obtenir le plus de chaleur réfléchie possible, et de se bien garder d'y mettre une couche de
noir, comme on le fait ordinairement, cette dernière
couleur absorbant tous les rayons de calorique qui
frappent la surface qui en est enduite; il ne faut laisser en noir que les parties qui sont atteintes par la
fumée, et qu'il est impossible de conserver blanches.

Depuis quelque temps on emploie, pour garnir les
jambages, des carreaux en faïence blanche; ce moyen
est fort bien entendu, d'abord à cause que la surface
des carreaux est blanche et bien polie, et qu'en outre
la faïence est une substance qui est un des plus mauvais conducteurs de la chaleur.

Ce revêtement en faïence devrait être adopté dans toutes les cheminées bien construites ; il est peu coûteux, très durable, donne un aspect de propreté au foyer, et remplit parfaitement bien l'objet qu'on se propose. S'il arrive que quelques parties de ces carreaux soient noircies par la fumée, en les lavant, on les fera devenir blanches.

Tracé des cheminées à la Rumford.

Soit ACDB (fig. 1), le plan d'un foyer ordinaire, joignez les points A et B par une ligne droite, sur le milieu de laquelle vous élèverez la perpendiculaire cd, qui rencontrera le milieu d du contre-cœur.

On appuiera un fil à plomb sur la surface antérieure de la gorge en d (fig. 2), et immédiatement au-dessus de la ligne cd, et on marquera le point e, où le plomb tombera.

Du point e vers celui d, on portera en f une distance de 4 pouces, qui sera l'endroit où doit être placé le nouveau contre-cœur.

Par le point f, on mènera la ligne gh parallèle et égale au tiers de AB, ce qui donnera les points h et i ; par ces points, on mènera les lignes droites kB et iA, qui détermineront les directions des jambages.

Si on voulait disposer la cheminée pour recevoir une grille à brûler de la houille, on déterminerait la longueur de la ligne ki en portant de f en k d'un côté, et f en i de l'autre, la moitié de la distance cf. Si la largeur AB est à peu près le triple de la largeur du contre-cœur ik, on ne changera rien à cette ouverture, et il faudra joindre ia et kb, pour avoir les directions des jambages. Si la distance AB est plus grande que trois fois le nouveau contre-cœur, il faudra la réduire de cette manière : du point *c*, au milieu de A B, on prendra *c a* et *c b* égales à une fois et demie la largeur du contre-cœur *i k*; et on mènera des lignes de *i* en *a* et de *k* en *b*, qui indiqueront la direction des jambages.

Il arrive très souvent, quand on veut placer une grille, que la profondeur de la cheminée n'est pas assez grande : on pratique alors dans le massif *k i d*, une niche pour la recevoir.

Généralement, la direction des jambages sur l'âtre, forme avec le fond un angle de 135°. Mais on peut être conduit à modifier cet angle. Ainsi, les cheminées qui ont de la disposition à fumer, exigent que les jambages soient placés moins obliquement par rapport au contre-cœur.

Quelquefois, la naissance *d* de la gorge se trouve très loin du feu, la cheminée est sujette à fumer ; pour parer à cet inconvénient, il faut la baisser en ajoutant une traversé ou soubassement en briques ou en plâtre, soutenu par une barre de fer, comme on le voit fig. 3.

Nous répèterons encore que les cheminées, et même les poêles, seront toujours des appareils défectueux tant qu'on n'adoptera pas le principe de faire circuler de l'air extérieur sur les parois du foyer, et de le faire sortir ensuite par des bouches de chaleur, après s'être échauffé pendant sa circulation. Ce moyen, qui réunit, comme nous l'avons dit, le triple avantage de renouveler l'air des appartements, de les échauffer en même temps et de fournir de l'air chaud à l'embouchure de la cheminée, qui occasionne un courant ascendant beaucoup plus rapide, et facilite l'évacuation de la fumée, devrait être appliqué à tout appareil de chauffage destiné à être placé dans le lieu à chauffer ; car, pour que l'air nécessaire à la combustion et celui destiné à remplacer la masse d'air entraîné dans le tuyau de la cheminée, puissent entrer dans l'appartement, il faut qu'il existe des fissures en assez grand nombre ; et alors on provoque l'introduction dans l'appartement de courants d'air froid, qui exercent sur le corps une sensation d'autant plus grande que la température extérieure est plus froide. Le procédé qui a le moins d'inconvénients, mais qui occasionne toujours un grand refroidissement dans l'appartement, est alors de faciliter l'introduction de l'air du dehors par des conduits placés vers le plafond.

Des perfectionnements à apporter dans les cheminées à la Rumford.

Pour éviter les inconvénients que nous venons d'indiquer, et utiliser une plus grande quantité de calorique, on pourrait construire les côtés du foyer avec des plaques de tôle, ou mieux, de fer fondu : cela serait plus durable, en réservant un intervalle ou espace creux entre les plaques et la maçonnerie du foyer de la cheminée, qui recevrait l'air extérieur au moyen d'un conduit, et qui le répandrait chaud dans la chambre au moyen de *bouches de chaleur*. Soit A, B,C,D (fig. 4) le plan d'une cheminée ordinaire, on remplacerait les massifs de Rumford par deux plaques obliques *a e* et *f d*, et on placerait la plaque du contre-cœur jointivement suivant *e f*. Cette disposition laisserait un espace creux *i i* qui serait recouvert

à la hauteur de la tablette de la cheminée, ou plus
haut, si l'on veut faire la dépense nécessaire, de manière que l'air placé dans l'espace ii ne communique pas avec le tuyau de la cheminée. On disposera
des compartiments ek, fk derrière la plaque du contre-cœur, et on établira au bas d'un des jambages de
la cheminée en g, soit au moyen d'un conduit sous le
plancher, soit au moyen d'un petit tuyau placé dans

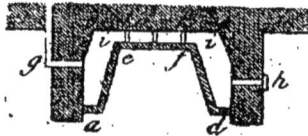

Fig. 4.

l'angle du mur, une communication entre l'espace ii
et l'air extérieur, qui, après s'être échauffé par son
contact avec les plaques de fonte, sortira par une ou
plusieurs ouvertures placées en haut dans le jambage
opposé h, formant bouches de chaleur. Il s'établira
ensuite un courant de bas en haut qui échauffera la
chambre presque autant qu'un poêle. On n'aura plus
alors de courant d'air froid dans la chambre, et on
pourra la fermer exactement de toutes parts.

Cheminée de GANGER.

Sans vouloir diminuer le mérite des travaux de
Rumford, dont le nom reste attaché à cette question,
on ne doit cependant pas méconnaître que Ganger,
avant lui, avait posé à peu près les mêmes principes,
et proposé un certain nombre de solutions très inté-
ressantes, qui bien que peu employées aujourd'hui,
ne nous semblent pas devoir être passées sous silence,

d'autant plus que dans d'autres cas, on en trouve l'application directe.

Au lieu d'établir les jambages plans, Ganger proposait de leur donner la forme d'une demi parabole, de façon à renvoyer toute la chaleur dans la pièce, suivant des rayons parallèles.

Il proposa en outre de revêtir de tôle, de fer ou de cuivre poli, les surfaces paraboliques, afin de mieux réfléchir les rayons du calorique; enfin, pour diminuer la masse d'air entraînée par le courant ascendant et en augmenter la vitesse, il prescrivit de réduire de 30 à 33 centimètres, l'ouverture du tuyau de la cheminée; et, pour régler le tirage, conserver la chaleur pendant la nuit, éteindre le feu des cheminées, etc., il plaça à l'embouchure du tuyau une trappe à bascule.

Par ces dispositions, les dimensions de l'enceinte du foyer étaient réduites, la majeure partie de la chaleur rayonnante était réfléchie dans la chambre, et la quantité de calorique entraînée par le courant d'air qui s'élève dans le conduit de la fumée était considérablement diminuée; ainsi, Ganger avait presque satisfait à la première condition du problème.

Quant à la seconde condition, il y satisfait complétement en laissant un espace entre la maçonnerie et les plaques de fer qui forment les parois intérieures de la cheminée, et dans lesquelles il fait circuler de l'air amené de l'extérieur, qui, après s'être échauffé pendant sa circulation, se répand dans l'appartement par des ouvertures latérales formant bouches de chaleur. Ce moyen réunit le triple avantage de renouveler l'air de l'appartement, de l'échauffer par ce renouvellement, et de fournir de l'air chaud à l'embouchure de la cheminée, ce qui rend le courant ascendant beaucoup plus rapide, facilite l'évacuation de la fumée, et évite l'inconvénient de l'introduction de l'air extérieur par les fissures des portes et des fenêtres, qui occasionne des vents coulis. Enfin, pour activer la combustion et suppléer à l'usage du soufflet ordinaire, il place sous le sol un tuyau qui établit une communication directe entre l'air extérieur et le foyer; l'air du dehors, puissamment appelé vers le lieu où se fait la combustion, produit l'effet d'un soufflet continu; mais ce moyen a l'inconvénient très grave d'amener un courant continuel d'air froid dans le voisinage du foyer.

Le rétrécissement des foyers étant avantageux sous beaucoup de rapports, on pourrait faire aux anciennes cheminées les changements indiqués par Ganger, en y apportant quelques modifications que nous allons indiquer.

Il est à remarquer que Ganger conservait encore à ses cheminées de grandes dimensions, et qu'il supposait que la combustion avait lieu en deux points de son foyer, distants entre eux de 60 centimètres; cette supposition étant loin de la réalité, il est plus exact d'admettre que la combustion se fait sur un seul point situé au milieu de l'âtre; dans ce cas, au lieu de deux demi-paraboles raccordées par la surface plane du contre-cœur, on aurait une seule et même courbe *abc* (fig. 5), et tout ce qui enveloppe le foyer aurait la forme nécessaire pour pouvoir réfléchir toute la chaleur rayonnante de la partie postérieure du foyer qui se trouverait plus avancé dans la chambre et placé en F. Une autre modification, non moins importante à faire, serait d'adopter au lieu d'une surface parabolique, la forme d'une niche en paraboloïde de révolution.

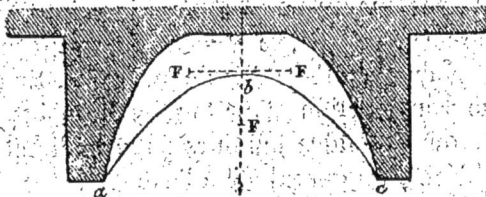

Fig. 5.

Pour être entendu de tous les lecteurs, nous allons faire connaître le tracé et les propriétés de la parabole.

La parabole est une courbe (fig. 6) dont tous les points sont autant éloignés d'un point fixe F, qu'on

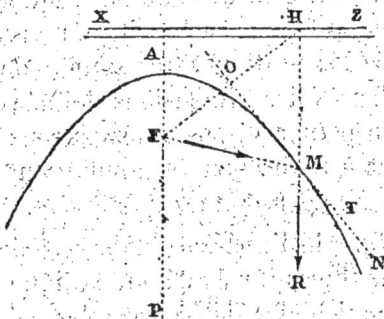

Fig. 6.

appelle *foyer*, que d'une droite XZ, dont la position est connue et qu'on nomme *directrice*, c'est-à-dire que, pour chaque point M, par exemple, menant la ligne MH perpendiculaire sur XZ, on aura toujours FM égale à MH.

Si du point M on abaisse une perpendiculaire sur FH, l'angle FMO sera égal à l'angle OMH, qui lui-même est égal à RMN ; d'où il suit que l'angle FMO est égal à l'angle RMN ; ainsi donc, un rayon incident FM, partant du point F et arrivant en M, sur la concavité de la courbe, se réfléchira suivant la direction MR parallèle à l'axe AP de la courbe. En faisant la même construction pour tout autre point que le point M, on obtiendra toujours pour la direction du rayon réfléchi, une parallèle à l'axe AP.

Cette propriété de la parabole a fait appliquer la forme de cette courbe aux réflecteurs des phares, des lanternes, etc., pour recevoir la lumière émanée d'un foyer et la réfléchir en un faisceau de rayons parallèles à l'axe, au lieu de les renvoyer suivant une foule de directions divergentes.

Comme il peut être utile de l'appliquer aussi à la construction des foyers de cheminée, nous allons donner des procédés pratiques très simples de tracer une parabole d'après des dimensions données et d'après lesquelles on pourra disposer des patrons ou gabaris qui serviront à régler, en les appliquant sur la maçonnerie, la forme à donner aux foyers.

Soit XZ (fig. 6) la directrice et F le foyer de la courbe ; par un point H pris à volonté sur la ligne XZ, abaissez la perpendiculaire HR, joignez les points F et H, et divisez cette ligne FH en deux parties égales en O ; par ce point et perpendiculairement à FH, menez la ligne OM, le point M de rencontre avec la ligne HR appartiendra à la courbe. En effet, par cette construction, le triangle FMH est isocèle, et FM égale MH.

Voici le moyen de décrire cette courbe par un mouvement continu.

Sur une droite *f* D prise pour axe (fig. 7), faites
*f*a = *a* F, fixez au point *f* une règle D B qui coupe
l'axe *f* D à angle droit ; à l'extrémité C d'une autre
règle E C, attachez un fil fixé au foyer F, par son

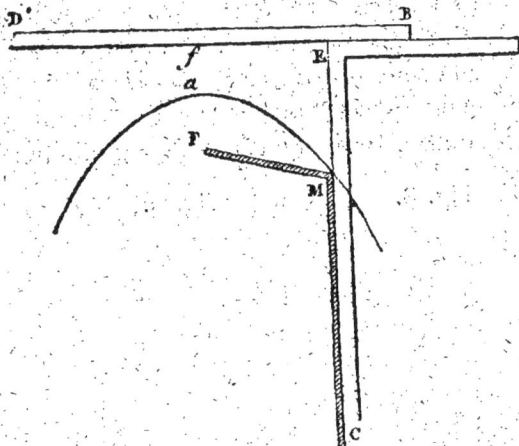

Fig. 7.

extrémité opposée, ensuite faites mouvoir la règle C E
le long de D B, en tenant toujours le fil M C tendu
par le moyen d'un crayon ou d'une pointe M, qui
décrira une parabole.

Cheminée de M. DEBRET.

La cheminée de M. Debret, que l'on voit représentée fig. 8 en coupe verticale, fig. 9 en élévation,
et en coupe en plan fig. 10, est construite en briques ;
son principe repose, comme pour le poêle du même
auteur, sur le mode adopté pour la circulation de la
fumée dans l'appareil, principe analogue à celui qui
servira à la construction *des poêles suédois*.

L'avantage qu'elle présente, est de pouvoir s'établir en un seul jour et de s'adapter à toute espèce de cheminée.

Pour l'établir, on incline d'abord la plaque de manière qu'une ligne tirée de son sommet, tombe à 15 ou 20 centimètres de sa base, et on élève de chaque côté, pour la soutenir, un petit massif en briques, qui se termine en mourant au sommet de la plaque : c'est entre ces deux massifs qu'est le foyer ; on établit en-

Fig. 8.   Fig. 9.

 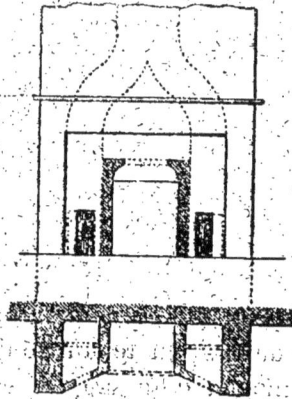

Fig. 10.

suite au-dessus de la plaque une voûte qui, montant derrière le chambranle, bouche toute communication avec la cheminée. Sur les côtés du foyer sont aussi deux couloirs, un intérieur et descendant, l'autre postérieur et ascendant, qui viennent passer derrière la voûte et se terminer dans la cheminée ou dans le tuyau qui en ferait l'office.

Le feu étant allumé, la fumée se répand dans les côtés, descend dans l'un des couloirs, où elle dépose une partie de son calorique, puis elle remonte dans l'autre couloir, où elle n'est plus que tiède, et où elle trouve enfin une issue dans la cheminée.

L'auteur affirme qu'avec cette cheminée on peut faire un aussi grand feu que l'on veut, sans craindre l'incendie, et que l'on peut y brûler des substances animales sans qu'elles répandent de mauvaises odeurs. Pour la ramoner (ce qui est très-rare, par la raison que la suie se ramasse à la voûte où elle est brûlée), il suffit de réserver dans le couloir antérieur un carreau mobile qu'on déplace à volonté.

Cheminée de FRANKLIN.

Le célèbre Franklin, bien convaincu de l'imperfection des cheminées ordinaires, s'est proposé d'y remédier, en faisant construire un appareil connu sous les noms de *cheminée à la pensylvanienne* ou de *chauffoir de Pensylvanie*, dans lequel la fumée parcourt un long trajet dans l'intérieur même du chauffoir, et dépose ainsi une partie du calorique qu'elle entraîne en s'échappant; il ajouta à cet avantage celui de renouveler l'air de l'appartement par un courant d'air chaud.

Cet appareil est une espèce de caisse en fonte $erzy$ (fig. 11 et 12), dont on a enlevé le devant pour laisser *voir le feu*, et qu'on place dans une cheminée ordinaire. Dans l'intérieur de cette caisse, et à une distance de 8 à 10 centimètres du fond, zy, s'élève un réservoir $abcd$, également en fonte (fig. 11), dont la coupe, suivant la largeur de la cheminée, est représentée par les mêmes lettres (fig. 12), formant contrecœur et destiné à recevoir l'air extérieur par l'ouverture inférieure *t*, et à le verser chaud dans la chambre par l'ouverture supérieure *u* (fig. 12).

Ce réservoir ne s'élève pas jusqu'à la hauteur de la plaque supérieure *x*, un espace de 5 à 8 centimètres est ménagé pour laisser passer la fumée qui, arrivée là et ne trouvant pas d'autre issue, tourne par-dessus le sommet du réservoir, et descend par derrière en suivant le passage *b y*, entre la plaque du fond de la caisse et le dos du réservoir; les plaques du réser-

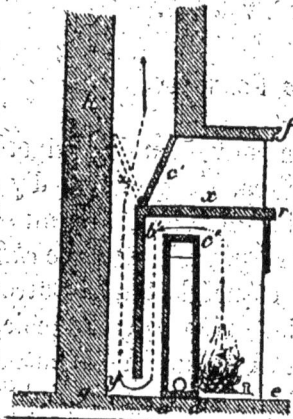

Fig. 11.   Fig. 12.

voir, en s'échauffant, communiquent leur chaleur au courant d'air qu'il contient, et, pour que celui-ci acquière une température assez élevée avant de se répandre dans la chambre, on l'oblige à faire plusieurs circonvolutions, ainsi que l'indique la direction des flèches placées dans les séparations *ik, lm, no, pq, rs* (fig. 12), pratiquées dans le réservoir.

La fumée, après son mouvement descendant, trouve au bas du fond une ouverture *y*, et reprend sa direction ascendante dans le canal yz, qui la conduit dans le tuyau de la cheminée.

Pour éviter toute communication entre la chambre et la cheminée, il faut fermer, par une cloison, l'espace compris entre la plaque supérieure x de la caisse de fonte, et le dessous de la tablette f. Et, afin de pouvoir faire monter le ramoneur dans le tuyau de la cheminée, il faut pratiquer dans cette cloison une grande ouverture qu'on fermera au moyen d'une trappe à bascule c', qui doit être placée de manière qu'en l'ouvrant et appuyant son extrémité supérieure sur le contre-cœur de la cheminée, elle ferme l'espace yz, en sorte que la suie que le ramoneur fait tomber arrive sur la partie x et n'entre pas dans les canaux de circulation de la fumée.

Cet appareil, utilisant une plus grande quantité de chaleur dégagée par la combustion, offrait une économie qu'on peut évaluer à la moitié du combustible qu'exige une cheminée ordinaire ; et, comme il jouit en outre de la propriété d'amener un air nouveau dans l'appartement sans causer de refroidissement, il fut reçu du public avec empressement ; mais on éprouva, à cette époque, quelques difficultés pour faire fondre les différentes pièces qui le composent, et l'on doit depuis à *Désarnod* d'en avoir facilité l'exécution, et d'y avoir fait des améliorations qui en ont répandu l'usage.

Cheminée perfectionnée par M. André MILLET.

Cette cheminée est destinée à être logée dans une cheminée ordinaire d'appartement, de manière à en occuper l'espace et à la boucher entièrement sans qu'il soit nécessaire d'employer aucune espèce de maçonnerie, et sans qu'on soit obligé de faire aucune démolition pour l'enlever. Toutes les parties qui la composent sont en métal, et les faces qui se présentent à la vue, lorsque cette cheminée est en place, et qui sont destinées à renvoyer dans l'appartement la chaleur du foyer, peuvent être en tôle, en cuivre, et même en plaqué.

Figure 13, vue de face de cette cheminée, ainsi qu'une coupe horizontale à environ 0m.30 au-dessus de l'âtre.

Figure 14, vue de profil.

Figure 15, coupe verticale de profil par le milieu de la cheminée.

a b c, cadre en métal formant la partie antérieure qui s'emboîte exactement entre les chambranles et le manteau d'une cheminée ordinaire d'appartement. Ce cadre est formé de deux montants a c assemblés à onglet à leur extrémité supérieure par la traverse b ; les deux montants a c sont élevés sur les embases d e, également en métal, et posant à terre.

f, g, deux plaques en métal formant les côtés latéraux de la cheminée, et disposées convenablement pour renvoyer la chaleur dans l'appartement ; ces plaques sont, à leur arête supérieure, reployées et rivées sur une troisième plaque h formant le contre-cœur.

i, k, deux plaques découpées de manière à former ornement ; ces plaques, qui sont appliquées contre les côtés f g, de la cheminée, posent à terre, et sont repliées par le bas de manière à embrasser et serrer les plaques f g.

l, cadre en métal formé de trois pièces réunies à onglet, et déterminant l'ouverture du foyer suivant la longueur du bois.

m, deux boîtes verticales formant coulisses : elles sont formées chacune d'une plaque de tôle ployée en quatre endroits et présentant deux rebords sur l'un desquels est soudé l'un des montants du cadre intérieur *l*.

n, *o*, deux plaques placées l'une derrière l'autre, et dont les extrémités latérales sont logées dans les boîtes *m*, où elles montent et descendent à volonté.

La plaque *o* porte, par derrière, deux ressorts à deux branches qui appuient contre la face intérieure des boîtes *m*, et obligent la plaque *o*, sur laquelle ils sont fixés, à exercer contre la plaque *n* une pression suffisante pour empêcher cette plaque de descendre d'elle-même dans les coulisses *m*.

Une chaîne *p*, fig. 15, est attachée d'un bout à l'extrémité supérieure et sur le milieu de la plaque *n*, et de l'autre bout à un anneau *q* fixé au milieu de la plaque *o*.

r, bouton attaché au bas de la plaque *o*, et à l'aide duquel on élève et on abaisse à volonté la plaque *o* dans la coulisse *m* ; cette plaque, en s'élevant, rencontre le bord *s*, fig. 15, rabattu au sommet de la plaque *n* et oblige cette plaque à s'élever jusqu'à ce qu'elle rencontre le dessous d'une traverse *t*, figures 14 et 15, qui assemble les extrémités supérieures des boîtes à coulisses *m*. Dans ce cas, la cheminée se trouve entièrement bouchée ; lorsqu'au contraire, on abaisse la plaque *o*, en appuyant sur le bouton *r*, cette plaque descend seule jusqu'à ce que la chaîne *p* se trouve tendue ; alors elle entraîne avec elle la plaque n, de sorte que, quand le bouton r est arrivé sur le sol, l'ouverture du foyer, déterminée par le cadre l, se trouve entièrement bouchée.

Au lieu de se servir du moyen que l'on vient d'indiquer pour manœuvrer les plaques n, o, on pourrait faire usage d'une ou de deux chaînes guidées par des poulies; ces chaînes seraient attachées d'un bout aux plaques n, o, et porteraient à l'autre bout un contre-poids.

u, figure 15, enveloppe en fonte destinée à boucher entièrement la cheminée par derrière; elle est formée d'une plaque de fonte arrondie par le haut, et dont l'extrémité supérieure repose sur la traverse t. Les deux côtés de cette plaque sont recourbés à angle droit, de manière à former une boîte ouverte d'un côté pour recevoir entre ces côtés latéraux les deux rebords v de derrière les boîtes à coulisses m, comme le montre la fig. 13, où l'on voit, en plan et en ponctué, un fragment des deux côtés de l'enveloppe ou capote u.

x, fig. 14, écrous servant à réunir, d'une manière invariable, les rebords des plaques f, g, h avec les trois parties a, b, c, qui composent le cadre extérieur, et avec les bases d, e, sur lesquelles repose ce cadre.

y, figures 14 et 15, bande de tôle fixée horizontalement contre la face intérieure des boîtes à coulisses m; elle est courbée à angle droit à chacune de ses extrémités pour embrasser ces boîtes et en maintenir l'écartement. L'extrémité inférieure du contre-cœur h est assemblée sur cette bande de tôle par des clous rivés.

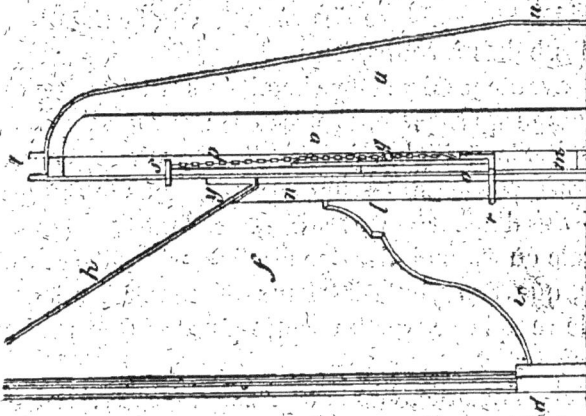

Fig. 15.

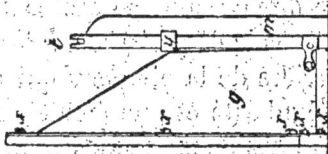

Fig. 14.

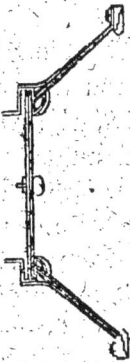

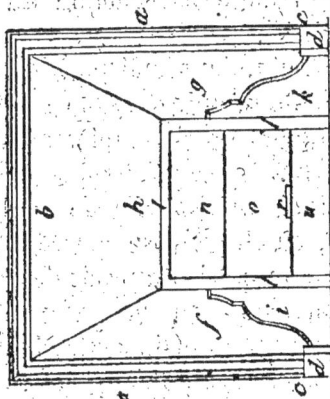

Fig. 13.

x, fig. 14, deux attaches en fer servant à former et consolider l'assemblage des côtés f, g de la cheminée avec les boîtes à coulisses m.

Les avantages de cette cheminée sur toutes celles adoptées jusqu'à présent consistent :

1° Dans la facilité qu'elle a de pouvoir se placer, sans aucune espèce de maçonnerie, dans toutes les cheminées d'appartement existantes, dont l'ouverture est égale ou est moindre que les dimensions du cadre a, b, c, que l'on peut d'ailleurs démonter à volonté pour le remplacer par un cadre plus haut et même plus large ;

2° Dans l'avantage qu'elle présente de pouvoir être emportée d'un endroit dans un autre sans qu'on soit obligé de faire aucune espèce de démolition ;

3° Dans la disposition des ressorts appliqués contre le derrière de la plaque a qui procure une douceur, une régularité et une facilité extrêmes dans la manœuvre des deux plaques n, o, qui ne peuvent, par ce moyen, ni faire de bruit, ni vaciller en aucune manière par l'action du vent refoulé dans la cheminée ;

4° Enfin, dans la disposition de l'enveloppe mobile ou capote u, qui, par sa forme de capuchon, oblige la flamme à dévorer complètement la fumée, avant que cette fumée ne s'échappe de côté au-dessus de la plaque n pour se rabattre sur le derrière du contre-cœur, où elle dépose encore un reste de chaleur qui tourne en partie au profit de l'appartement.

L'enveloppe ou capote u se rejette tout-à-fait en arrière avec la main contre le mur qui forme le fond de la cheminée de l'appartement pour faciliter le ramonage et le service de la cheminée.

L'inventeur a apporté à cette première disposition plusieurs perfectionnements.

Ils consistent : 1° à supprimer, si l'on veut, dans la cheminée représentée par les figures qui précèdent, toute la partie avancée désignée par les lettres a, b, c, d, e, f, g, h, i, k, l, afin de permettre à chacun, tout en faisant usage de la cheminée fumivore portative, de faire établir cette partie avancée en métal, en maçonnerie, en faïence, et en général d'une manière quelconque, suivant les localités et les goûts; 2° dans le moyen de faire jouer les deux plaques disposées verticalement à coulisse en avant du foyer et servant à régler la quantité d'air qu'il convient de donner à la combustion par un poids à coulisse logé d'une manière invisible dans l'épaisseur du contrecœur, et remplaçant les ressorts placés derrière la plaque o des figures qui précèdent.

Explication des figures qui représentent ces changements.

Pour rendre cette explication plus claire, et pour qu'on puisse mieux établir la comparaison entre les nouvelles dispositions et les anciennes, nous placerons les lettres qui se trouvent déjà dans ces quatre premières figures sur les parties des figures suivantes qui sont les mêmes et qui sont déjà décrites. Nous ne parlerons alors que des changements qui seront indiqués par des lettres différentes.

Figure 17, vue de face de la cheminée fumivore portative perfectionnée.

Figure 16, coupe de profil par le milieu.

Sur le derrière de l'enveloppe ou capote de fonte u, on a pratiqué un renfoncement a^2, qui se trouve

recouvert et masqué par une plaque de tôle ou de
fonte b^2, qui se loge dans une feuillure pratiquée au
pourtour du renfoncement ; cette plaque, portant une
poignée c^2, qui permet de l'enlever et de la remettre

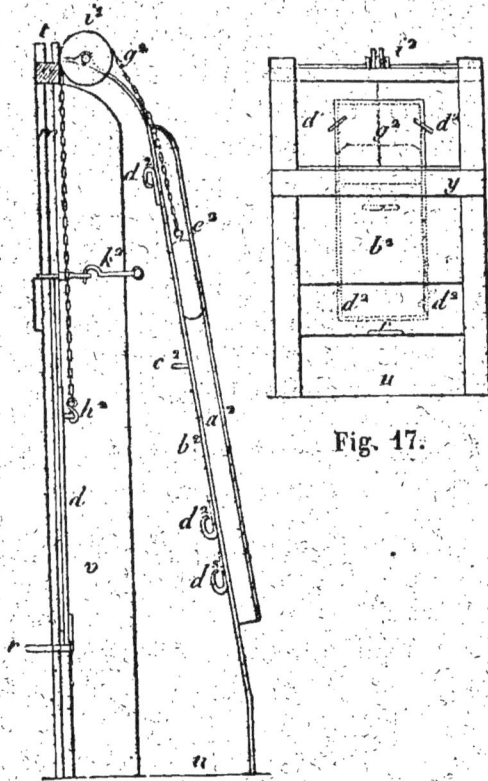

Fig. 17.

Fig. 16.

à volonté, est retenue en place par quatre petits
tourniquets d^2, qui sont attachés d'un bout sur la
face intérieure de la capote u, et que l'on fait tourner à volonté avec le premier doigt et le pouce.

e, poids glissant à plat sur la plaque b dans toute la longueur de la boîte invisible a^2 jusqu'à ce qu'il soit arrêté par le fond f^2 de cette boîte.

g^2, chaîne attachée d'un bout au poids e^2; son autre extrémité porte un crochet h^2 en forme d'S qui s'accroche à un piton fixé à la plaque mobile o; en faisant monter le bouton r, le poids descend et la plaque demeure suspendue à toutes les hauteurs où on la place. L'extrémité supérieure de la plaque inférieure o, venant à rencontrer le rebord s formant la partie supérieure de la première plaque mobile n; si l'on continue à élever le bouton r, on fait monter à la fois les deux plaques n, o qui se trouvent toujours suspendues à toutes les hauteurs de leur course.

Lorsque, dans le mouvement ascensionnel des deux plaques n, o, le rebord s de la plaque n rencontre la face de dessous de la traverse t, la cheminée se trouve entièrement bouchée, et l'air extérieur ne peut plus y pénétrer; dans ce cas, la base du poids e^2 repose sur le fond f^2 de la boîte a^2.

La chaîne g^2 passe sur la poulie i^2 qui tourne sur son axe, dont les tourillons sont retenus sur la capote u.

k^2, crochet servant à réunir à volonté la capote u avec la boîte à coulisse m; il y en a un pareil de chaque côté de la cheminée intérieurement.

Lorsqu'on veut nettoyer cette cheminée, on sépare la chaîne g^2 de la plaque o en décrochant l'S ou crochet h^2; le poids descend alors dans le fond de la boîte; ou bien, si on le préfère, on accroche l'S au crochet c^2, et le poids demeure suspendu au milieu de la boîte. Soit que l'on agisse de l'une ou de l'autre de ces deux manières, lorsqu'on a décroché la chaîne g^2 de la plaque o, on repousse la capote a en tenant la poignée c^2; on rejette cette capote en arrière, et le ramoneur se trouve avoir suffisamment de place pour s'introduire dans le tuyau de la cheminée et y faire son service.

Un autre perfectionnement consiste dans l'addition d'une plaque de tôle ou de fonte mobile pouvant s'éloigner ou se rapprocher à volonté du contre-cœur, et établissant un double courant d'air qui a la propriété d'enflammer avec la plus grande promptitude le combustible, dont on peut, à son désir, renvoyer toute la chaleur dans l'appartement.

La figure 18 représente, en coupe verticale de profil, une cheminée semblable à celle figure 16, munie de ce perfectionnement qui est représenté par des lignes courbes ponctuées a, b.

La figure 19 montre de face une portion de la plaque mobile qui compose le nouveau perfectionnement.

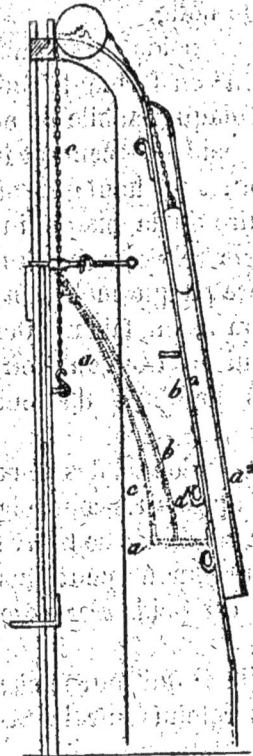

Fig. 18.

Fig. 19.

a, équerre en fer ou en fonte, dont une des branches est courbe; il y en a une semblable de fixée contre la face intérieure de chacun des côtés de la cheminée.

b, plaque mobile d'une courbure qui correspond à celle de la branche supérieure de chacune des équerres *a;* elle est destinée à établir à volonté le double tirant d'air ou tirage; son extrémité supérieure pose simplement contre les extrémités supérieures des équerres *a,* et sa base repose, à droite et à gauche de la cheminée, sur la branche horizontale des équerres.

c, bouton ou poignée que l'on fixe à un endroit quelconque de la plaque *b*, et qui sert, à l'aide de la pincette, à faire courir à volonté cette plaque le long des branches horizontales.

Il résulte de cette nouvelle disposition qu'en tirant à soi graduellement le bouton *c*, on augmente à volonté le passage *d*, par où s'opère le principal tirage. La limite de la grandeur de ce passage est fixée par l'angle de deux branches des équerres *a* contre lequel vient s'arrêter la plaque mobile *b*; l'ouverture *d* diminue, et elle se trouve tout-à-fait bouchée lorsque le bord inférieur de la plaque *b* vient appuyer sur la plaque b^2 du renfoncement a^2. Dans ce cas, le tirage qui avait lieu par l'ouverture *d* n'existe plus, toute la chaleur est renvoyée dans l'appartement par la plaque *b*, et la fumée qui s'élève du foyer trouve en *e* une issue de 27 millimètres de large sur toute la longueur de la plaque *b*, comprise entre les deux équerres par où elle s'échappe dans le tuyau de la cheminée.

Dans la cheminée primitive de M. Millet, ainsi que dans celle de M. Désarnod, l'issue pour la fumée restait toujours la même, quelle que fût l'ouverture que l'on donnât aux plaques mobiles de la devanture.

Les dispositions de la cheminée nouvelle de **M. Millet** sont telles que, lorsqu'on lève les plaques de cette devanture, on rétrécit d'autant l'issue de la fumée, et on parvient à ne donner à cette issue que le strict nécessaire.

Dans d'autres cheminées, déjà très-multipliées, on se sert bien d'une plaque mobile qui donne à l'issue de la fumée telle ouverture que l'on veut, mais elles ne réunissent pas l'avantage de celles de **M. Désarnod**, c'est-à-dire celui des plaques mobiles qui permettent de donner immédiatement le degré de tirage que l'on désire ; aussi présentent-elles fréquemment l'inconvénient de fumer au moment où l'on allume le feu, c'est-à-dire où le courant d'air n'est pas encore établi.

Dans les cheminées primitives de **M. Millet**, comme dans celles de **M. Désarnod**, en baissant les plaques mobiles, on déterminait bien le tirage immédiat, mais alors on ne voyait pas le feu ; lorsqu'on levait ces plaques, l'issue pour la fumée restant toujours la même, on avait l'inconvénient des cheminées ordinaires, c'est-à-dire qu'il s'établissait au-dessus du combustible un grand courant d'air en pure perte pour la combustion, et qui ne servait qu'à évacuer sans cesse le calorique qui devrait rester dans l'appartement, joint à l'inconvénient de produire souvent de la fumée.

Avec la modification apportée par **M. Millet**, une fois que le tirage est bien déterminé, on lève plus ou moins les plaques, on rétrécit par conséquent proportionnellement l'ouverture pour l'issue de la fu-

mée, et alors il n'y a plus une évacuation aussi considérable d'air chaud que celle qui a lieu dans les
cheminées ordinaires.

Les dispositions adoptées par M. Millet sont telles
que le rétrécissement de cette issue pour la fumée
est tout-à-fait facultatif, c'est-à-dire qu'on peut la
fermer tout-à-fait, ou seulement partiellement. Mais,
comme il pourrait être dangereux de fermer entièrement l'issue d'une cheminée contenant encore de la
braise ou des charbons incandescents, jamais, dans
celles de M. Millet, la fermeture n'est complète par
le simple jeu des plaques à coulisses : de sorte que,
par maladresse ou inadvertence, on ne peut pas donner lieu à des accidents toujours graves. La fermeture complète de la cheminée ne peut avoir lieu que
par suite d'une volonté bien prononcée et au moyen
de deux verrous qu'on ne peut manœuvrer que par
un mouvement spécial tout-à-fait indépendant du jeu
des plaques mobiles : cette fermeture complète ne
doit avoir lieu que lorsqu'il n'y a plus du tout de
feu, et pour empêcher le renouvellement de l'air dans
l'appartement quand on cesse momentanément de
l'habiter. Cette nouvelle disposition, très-ingénieuse,
donnée à l'appareil de M. Millet, lui procure donc
l'avantage de chauffer réellement mieux que ses
cheminées primitives, et même que les autres cheminées connues, qui ne font pas en même temps
fonctions de poêles, comme celles de Désarnod et
autres.

Persuadé que le bas prix est une des conditions
essentielles que doit réunir tout appareil qu'on veut
rendre populaire, M. Millet s'est efforcé de conserver
ce précieux avantage à sa nouvelle cheminée, qui

peut se placer à volonté dans toutes les anciennes cheminées moyennant une dépense très-modique.

La partie essentielle de cet appareil qu'il appelle *contre-cœur*, se vend seule 40 francs, et, quelles que soient les dimensions des cheminées, il se charge de l'établir, avec une devanture en plâtre, moyennant 5 francs, et moyennant 10 francs pour une devanture en marbre factice, plus 3 francs pour les jours et les croissants en cuivre; de sorte que, pour 45 francs au moins et 53 francs au plus, on peut avoir l'appareil de M. Millet placé dans les plus grandes cheminées.

M. Millet établit à volonté des devantures en tôle, fonte, cuivre et plaqué; mais ce travail, étant une affaire de fantaisie et de luxe, se paie à part, et il n'en fait mention ici que pour mémoire.

Un très-grand avantage de la cheminée de M. Millet est donc de constituer un meuble qui, comme un poêle, peut s'enlever à volonté et être replacé moyennant une très-modique somme, ce qui en permet l'acquisition aux plus médiocres fortunes.

Cheminée perfectionnée, par M. J.-B. Bevière.

Cette cheminée est représentée figure 20. Le contre-cœur 2 forme, avec les côtés 3, un angle ouvert de 126 degrés; la plaque 1 est inclinée en avant de ces degrés, et forme, avec le contre-cœur, un angle de 149 degrés; elle est mobile, afin qu'on puisse, en la renversant, donner passage au ramoneur. Les parties supérieures des côtés 4, que l'on nomme goussets, sont inclinées l'une vers l'autre de 25 degrés, ou forment avec les côtés un angle de 155 degrés. La planche 5 est aussi inclinée. Se rapprochant vers la plaque par son bord inférieur, les goussets à l'intérieur ne s'élèvent pas au-delà de ce bord de la planche, et la plaque n'atteint même pas complètement ce niveau.

Au milieu de la barre de fer qui soutient la planche 10, est fixée, avec un piton, une espèce de crémaillère 9, qui passe dans une porte en tôle attachée à la plaque 8.

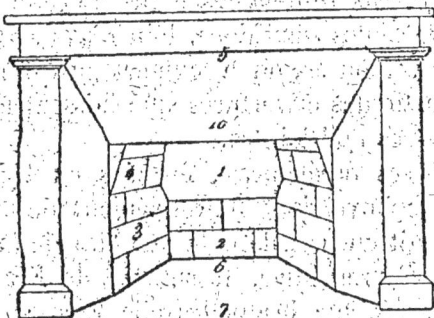

Fig. 20.

Quant aux différentes dimensions de ces parties, elles peuvent être appréciées facilement avec le secours de l'échelle de proportion, et il est inutile de dire qu'elles pourraient varier selon l'exigence des lieux.

La profondeur de la cheminée, sa hauteur, sa largeur, les diverses inclinaisons des parties qui la composent, ont été combinées de manière à se prêter tout à la fois aux résultats suivants : resserrer le foyer et le passage de la fumée ; réfléchir la chaleur dans l'appartement ; faire correspondre le centre du foyer au centre de l'entrée du tuyau, et s'accommoder à la grosseur et à la longueur du bois.

La planche abaissée, les côtés resserrés par les goussets ne permettent pas à la fumée de s'égarer loin du foyer, et le centre de ce foyer correspondant au centre de l'entrée du tuyau, le plus simple courant d'air suffit pour maintenir la fumée dans son ascension perpendiculaire jusqu'au bord de la planche où elle trouve un plus vaste espace pour la recevoir, sans rencontrer d'obstacles, puisque les goussets ne s'élèvent pas au-delà des bords de cette planche.

Avec ces seules conditions, loin d'avoir jamais eu besoin de ventouses, on a toujours pu clore la plus grande partie des ouvertures que laissent les portes et les fenêtres mal jointes.

Mais si ces ouvertures, fermées en trop grand nombre, renouvelaient l'inconvénient de la fumée, on trouverait encore, dans la mobilité de la plaque, le moyen d'y remédier. Il suffirait de l'écarter un peu des parois sur lesquelles elle repose, et de la fixer à ce point à la crémaillère.

Le feu étant fort en avant, rayonne dans presque toutes les parties de l'appartement; en outre, l'évasement de cette cheminée, ses différentes faces, sa plaque inclinée en avant renvoient la chaleur en tous sens et surtout sur le parquet, région toujours la plus froide. Si cependant on était obligé de tenir la plaque un peu ouverte, ainsi qu'on l'a dit, ce serait sans aucun doute aux dépens de la chaleur; mais aussi, comme on ne perdrait de cette chaleur que précisément autant qu'il en faut pour l'entraînement de la fumée, on aurait encore toute celle qu'il est possible d'avoir.

Enfin, la possibilité de se bien clore sans craindre la fumée, et, par suite, le peu de tirage de la cheminée, dispensent d'un aussi grand feu, rendent la combustion plus lente, et procurent une économie, la plus grande, peut-être, qu'on puisse obtenir.

Il est inutile d'indiquer ici les diverses matières que l'on peut employer pour la confection de ces cheminées; elles peuvent varier selon les lieux et les convenances. Pour les parties intérieures, on doit préférer des briques revêtues d'une légère tôle, et pour les parties extérieures, du plâtre uni, marbré ou de stuc. On peut employer aussi le cuivre poli, la faïence ou toute autre substance préférable, soit comme moins bon conducteur de la chaleur, soit à tout autre titre.

Dans le système de cheminée décrit plus haut, tous les efforts de l'inventeur tendaient à éviter la fumée et à renvoyer le plus de chaleur possible, d'où résultait l'économie. Ce dernier perfectionnement rend ces résultats plus remarquables, et y ajoute encore.

Pris dans son ensemble, ce perfectionnement consiste dans un faisceau de tuyaux prenant l'air froid à l'extérieur et le versant chaud dans l'appartement. Ces tuyaux sont placés en dedans de la cheminée, sur les goussets, et, par conséquent, au-dessus de la flamme : ils sont couverts d'une planche de tôle. Le tout est complètement enfermé dans un encaissement bâti en briques, dont le dessus est fermé par un couvercle, dans lequel sont pratiquées deux ouvertures parallèles, étroites et longues, pour donner passage à la fumée. Un appareil en tôle fixé sur le couvercle permet de fermer plus ou moins ces ouvertures à volonté.

On ne s'est d'abord servi que de mesures déterminées; mais on peut les faire varier : la grosseur des

Poêlier-Fumiste. 6

tuyaux, la distance qui les sépare, leur longueur, et jusqu'à leur nombre, peuvent être plus ou moins grands. Il pourrait, en outre, se rencontrer des circonstances qui obligeraient à certains changements : avec un manteau de cheminée trop bas, par exemple, il faudrait, pour gagner de l'espace, abaisser les tuyaux plus près des goussets, et, par suite, diminuer la hauteur de la plaque, peut-être même y pratiquer une ouverture dans laquelle passerait la crémaillère.

Nous ne croyons pas nécessaire de nous étendre davantage sur des modifications de ce genre : on conçoit qu'elles ne changent rien au système; elles mettent seulement à même d'en rendre l'application plus générale.

Le principal moyen de nettoyer cet appareil consiste à démonter; ce qu'il faut toujours faire quand il s'agit de ramoner la cheminée, et voici comment on y procède :

On ôte le tuyau-bouche. Passant le bras dans l'intérieur de la cheminée par l'ouverture qu'il laisse, on sépare la tige de métal de son collet, et on la repousse; on lève le couvercle et on le fixe contre la muraille avec le tourniquet; revenant ensuite au foyer, on renverse la plaque; on ôte la crémaillère et on déboîte le faisceau de tuyau-prise-d'air.

Cette dernière opération peut se faire, quoique la planche de tôle touche à l'encaissement par ses extrémités, parce que cette planche conservant un mouvement de va-et-vient sur les tuyaux, comme on l'a vu, ceux-ci, de leur côté, peuvent avoir le même mouvement sur la planche. On tourne le faisceau de champ, en même temps qu'on l'élève au-dessus de ll'encaissement, ayant soin que la planche de tôle ne soit pas du côté de la muraille; on le dresse debout dans cette position, et on le retire de la cheminée. Le ramoneur a alors le champ libre, et le tout peut se nettoyer à fond. On remet l'appareil comme on l'a ôté, commençant par où on avait fini. Lorsqu'on replace le tuyau-bouche, il entre ordinairement dans le faisceau sans difficulté, parce que ses bords sont un peu resserrés, et que ceux du tuyau qui le reçoit sont évasés en tulipe; mais si l'on rencontrait quelque obstacle, on passerait le bras dans le tuyau-bouche même, et avec la main on les ajusterait bout à bout. Cette opération, qui ne peut pas se faire dans le modèle, s'exécute facilement dans la cheminée.

Il est un second moyen, plus simple, d'opérer le nettoyage. On ôte le tuyau-bouche, comme on l'a dit, et avec un balai formé de quelques plumes dures, on nettoie le passage de la fumée. On lève le couvercle, dont on nettoie le dessous; on balaie de droite et de gauche, et jusque sous l'autre partie du couvercle, la suie ou plutôt la cendre qui peut se trouver sur la planche de tôle, pour la faire tomber sur les tuyaux; revenant au foyer, on passe en tous sens, entre les tuyaux, une aile d'oie, dont la courbe favorise cette opération, et on les nettoie jusqu'à la planche de tôle. Ce moyen vaut presque l'autre. Au reste, l'appareil ne se salit pas très-vite. Une partie de la suie y est brûlée par la flamme, à mesure qu'elle s'y dépose. Si on le désirait, une porte fermant bien, pratiquée dans le côté de la cheminée au-dessus de la prise d'air, et assez grande pour qu'on pût y passer le bras, serait plus commode et dispenserait d'ôter le tuyau-bouche.

Dans l'usage, le faisceau pourrait aller seul pour ceux qui le désireraient ; il donne déjà, de cette façon, beaucoup de chaleur, et loin d'occasionner la fumée, il est prouvé qu'il s'y oppose, même à part l'air qu'il fournit à la chambre. L'encaissement, joint au faisceau, pourrait à la rigueur être séparé de l'appareil en tôle qui sert à fermer les ouvertures du couvercle.

Les avantages de ce perfectionnement sont très-grands.

1° La cheminée, combinée de manière à renvoyer beaucoup de chaleur, en reçoit une nouvelle puissance de réverbération ; les tuyaux achèvent de fermer presque tout passage à la chaleur rayonnante, il n'est plus guère de points dans le foyer d'où elle ne soit renvoyée, et le courant d'air qui traverse ce foyer étant beaucoup plus faible, entraîne, par conséquent, beaucoup moins de chaleur, ce qui augmente encore d'autant la réverbération.

2° L'air extérieur balayant continuellement la chaleur que renferment les tuyaux et tendant sans cesse à les refroidir, entretient, par cela même, comme on sait, leur aptitude à s'emparer de celle qui les entoure, et qui, échappée du foyer, est arrêtée de nouveau dans les détours de l'encaissement.

3° Dans un foyer construit d'après de bons principes, la chaleur reçue par l'âtre, les côtés, le fond, n'est pas une chaleur perdue, et il n'est pas difficile de comprendre que la soutirer par des tuyaux n'est pas tout profit. Ici, au contraire, la chaleur recueillie par les tuyaux n'avait aucune utilité, chassée qu'elle était au dehors par le courant. C'est une chaleur considérable acquise sans nouveaux frais, et qui constitue un des principaux avantages de ce perfectionnement.

4º Le petit bois, plus commun que l'autre et moins recherché, acquiert, par cet appareil, plus d'importance : en peu de minutes, quelques brins de fagots, par exemple, réchaufferont mieux l'atmosphère d'une chambre que du gros bois ne le pourrait faire dans un temps plus long avec une cheminée ordinaire.

5º La chambre ayant beaucoup moins d'air à fournir à la cheminée et en recevant de chaud qu'elle ne recevait pas, peut être mieux close encore ; de plus, les tuyaux ne rougissant pas, ou très-difficilement, l'air qu'ils procurent n'est point altéré et renouvelle celui de la pièce, sans inconvénient pour la santé.

6º Cet appareil rend les feux de cheminée à peu près impossibles. Il faut que la flamme soit bien forte pour qu'on voie sortir, de temps à autre, un faible filet par les ouvertures du couvercle. Hors ce cas, le feu laisse l'intérieur de la cheminée au-dessus de l'appareil entièrement ténébreux. On a pu constater ce résultat au moyen d'un carreau de vitre placé dans un des côtés de la cheminée, et qui servait à l'inventeur à reconnaître l'effet de ses diverses expériences.

Appareils de cheminée, par M. JULIEN LEROY.

Ces cheminées sont composées d'une enveloppe extérieure, de tôle, de fonte, ou de terre cuite ; l'intérieur est revêtu d'une couche de ciment composée de terre franche, de poussier, de mâchefer, de terre glaise et de plâtre. La propriété de ce ciment est d'être en partie combustible, c'est-à-dire que le charbon ne s'éteint pas par son contact.

La forme de ces cheminées est celle d'une niche dont les courbes sont paraboliques; la grille est posée transversalement sur le devant et s'élève jusqu'aux deux tiers de sa hauteur.

Les propriétés principales de ce genre d'appareils sont :

1° De pouvoir s'introduire dans les autres cheminées, même dans celles dites à la *prussienne*, sans qu'on soit obligé à aucune réparation préalable, et de se transporter d'une cheminée dans une autre, lors même qu'elle contient du feu ;

2° De rendre les chenets et le garde-feu inutiles ;

3° De répandre trois fois plus de chaleur que les cheminées connues, avec la même quantité de combustible, et de diriger vers les pieds la chaleur qui se communique dans l'appartement; cet effet provient de ce qu'il n'y a pas de courant d'air, comme dans toutes les cheminées à grille ou à ventouses ;

4° D'être propres à l'usage de la cuisine par l'emploi du charbon de terre qui, pendant sa combustion, ne répand aucune odeur ;

5° De pouvoir être employées dans tous les grands établissements qui exigent les soins de feutiers ;

6° De pouvoir garantir de la fumée par le plus ou le moins d'introduction, d'abaissement ou d'élévation de ces cheminées; cette propriété est due à ce qu'elles sont fumivores à plus des deux tiers de leur hauteur, et que la courbe supérieure étant très échauffée, dilate davantage la fumée, qui déjà est rendue à une hauteur suffisante pour qu'elle ne redescende pas, quand d'ailleurs sa dilatation est la cause première de sa vitesse ascensionnelle.

Cheminée de M. LHOMOND.

Comme la précédente, cette cheminée peut facilement et rapidement se disposer à toute construction déjà existante.

Cette cheminée se compose d'un contre-cœur et de deux côtés bâtis en briques de champ, réunies par du plâtre. Celles du contre-cœur sont surmontées par des briques debout, presque mobiles, parce qu'elles ne sont jointes ensemble que par très peu de plâtre, et que le moindre effort les déplace : elles se trouvent inclinées en devant et soutenues par une barre de fer pour rétrécir le passage de la fumée. Lorsqu'on veut ramoner la cheminée, ces briques et la barre qui les soutient s'enlèvent facilement, et le ramoneur trouve une ouverture suffisante pour passer. Un châssis de fer, garni de deux plaques de tôle, de 50 à 55 centimètres de hauteur, de 44 centimètres de large, placé à 21 centimètres en avant du contre-cœur, et appuyé sur les côtés, forme le complément du foyer ; trois planches de stuc taillées en trapèze, appliquées à la naissance intérieure du chambranle dans son pourtour, viennent s'appuyer sur le châssis, et forment des angles peu inclinés, qui permettent la réflexion de la chaleur dans l'appartement. M. *Lhomond* a, comme *Désarnod,* employé un registre vertical pour ouvrir à moitié, au quart, ou fermer à volonté l'orifice du foyer, et donner par là au volume d'air qu'on veut y faire entrer toute l'activité qu'on désire : aussi, on n'a pas besoin d'employer le soufflet pour entretenir ou augmenter la combustion. Les plaques qui remplissent le châssis sont en tôle au lieu de fonte, et la crémaillère de M.

Désarnod est remplacée par deux contre-poids cachés sous les planches de stuc. Le moindre effort suffit pour lever ou baisser les plaques qui gisent l'une sur l'autre. L'auteur a placé à la base du foyer de chaque côté du châssis, une plaque de tôle arrondie à son extrémité supérieure, pour éviter la dégradation du stuc. Cette cheminée, suivant M. *Lhomond*, a l'avantage d'économiser les *trois cinquièmes* du combustible, d'empêcher la fumée dans les appartements, et de ne coûter, toute posée, que 50 à 80 francs, suivant sa dimension.

Bien que cet appareil offre des avantages réels, il faut toutefois reconnaître qu'il y a un peu d'exagération dans l'énoncé des résultats qu'indique l'auteur.

Nous allons au sujet de ces rideaux placés en avant du foyer et qui servent à régler le tirage, et surtout à faciliter l'allumage, donner quelques indications qui ne sont pas spéciales à la cheminée Lhomond particulièrement, surtout aujourd'hui que cette disposition se rencontre à peu près universellement dans tous les modèles.

L'ouverture du foyer est pourvue d'un châssis en fer formé de bandes de fer repliées en double équerre, dans lequel se meut un tablier composé de deux volets. Celui qui est à la partie inférieure est soutenu par deux chaînes qui passent sur des poulies latérales et qui supportent des contre-poids. Ce volet entraîne le premier en descendant lorsqu'il l'a découvert entièrement, et en remontant lorsqu'il l'a couvert complètement, et cela au moyen d'un arrêt du premier volet placé à sa partie supérieure, et de deux arrêts fixés aux parties supérieure et inférieure du second.

Une petite poignée rivée au bas du volet inférieur permet d'opérer facilement la manœuvre. Dans de très grandes cheminées, on peut diviser la trappe en trois et quatre volets emmanchés les uns avec les autres comme les deux précédents.

Les figures 21 à 22 montrent la trappe vue de face et de profil.

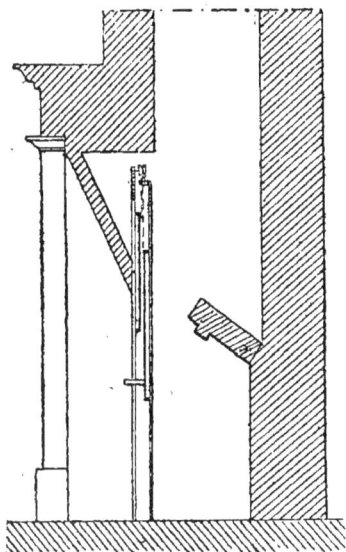
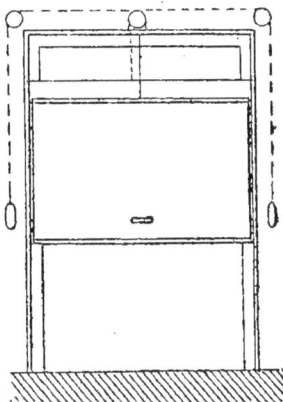

Fig. 21.   Fig. 22.

On a cherché à introduire bien des modifications dans cette partie des cheminées. Il est certain qu'elle présente une certaine délicatesse, les chaînes se nouent, se brisent ou se décrochent, les contre-poids peuvent avoir été mal déterminés, la rouille ou de petits débris viennent entraver le jeu des poulies. Chaque réparation nécessite le démontage de tout l'appareil, et c'est là surtout le plus grand inconvénient dans les appartements.

M. Bigot a proposé de supprimer les chaînes et les contre-poids, et de remplacer le système par deux crémaillères disposées dans le châssis, sur lesquelles on fait reposer les volets à telle hauteur que l'on veut. Ce procédé a aussi ses inconvénients, résultant du gondolement des volets, puis des précautions nécessaires pour lever ou baisser la trappe, car il faut la guider et ne pas la lâcher brusquement, surtout quand on la baisse.

Quelques constructeurs préfèrent à de la tôle plate de la tôle à ondulations pour établir les volets, afin de la protéger contre les actions de la chaleur.

Enfin M. Sommaire construit des rideaux de cheminée dits automobiles, sans contre-poids, chaînes ni crémaillères, en tôle ondulée, à plis horizontaux.

Cheminée de M. LERAS.

Pendant bien longtemps, on s'était borné à employer les ventouses débouchant dans la cheminée même, et qui ne servaient qu'à fournir l'air nécessaire, au volume considérable que le tirage nécessite, sans pour cela qu'il fût pris aux dépens de la pièce même, condition difficile à remplir, ou qui, lorsqu'elle vient à manquer, entraîne un manque de tirage et une mauvaise marche de l'appareil. Ce mode de construction avait bien aussi ses inconvénients, il arrivait souvent qu'une partie de l'air ainsi amené sur le foyer sortant de la ventouse avec une trop grande vitesse se réfléchissait sur les parois sans s'être échauffé, et les abords de la cheminée offraient des courants d'air froid très désagréables.

M. Leras, l'un des premiers, eut l'idée d'utiliser cet air amené par la ventouse à un double effet. Une partie dirigée de la prise dans un coffre placé derrière la plaque de fond s'y échauffait pour sortir par des petits conduits latéraux sur les montants de la cheminée, qui ainsi en plus de la chaleur ordinaire fournie par le foyer était munie de bouches de chaleur supplémentaires.

Nous aurons l'occasion de voir que cette idée mise à profit a servi de point de départ à la création d'un certain nombre d'appareils qui se placent dans les cheminées pour obtenir le même but, mais avec des résultats bien supérieurs.

M. Leras proposait aussi de munir l'orifice par lequel le tuyau de cheminée débouche dans le corps même d'une trappe à charnière suspendue par une petite chaîne à un petit tambour monté sur un axe traversant le mur et muni d'un bouton un peu au-dessus de la tablette de la cheminée. Rien n'est plus facile alors que de régler très exactement le degré d'ouverture de cette trappe, et de pouvoir ainsi à chaque instant modifier le tirage en rapport avec les nombreuses variations des éléments qui le constituent.

Chauffage à circulation d'air,
applicable aux cheminées et aux calorifères,
par MM. HOMMAIS *et* LE PREVOST.

Voici comment les inventeurs définissaient eux-mêmes ce système :

Beaucoup de personnes se sont occupées de modifier les appareils de chauffage ; il en est résulté une multitude de systèmes divers, offrant des avantages plus ou moins considérables, mais présentant des modes de construction assez distincts pour former des appareils nouveaux, quoique les principes de ces combinaisons rentrent presque toujours les uns dans les autres.

Le principe sur lequel sont basés ces nouveaux appareils, est de profiter de la chaleur d'un foyer pour chauffer de l'air pris à l'extérieur, de le faire circuler dans des parties échauffées par le foyer et le répandre dans les diverses pièces d'un appartement qu'il échauffe, sans, toutefois, faire plus de feu que dans un foyer ordinaire, et de plus, nous profitons de cet air chauffé pour empêcher le foyer de fumer comme une cheminée, et pour augmenter le tirage d'un calorifère.

Pour appliquer cette disposition à une cheminée, on place dans le vide formé dans les unes un appareil imitant pour ainsi dire, la forme de ce vide; mais il peut exister un espace entre l'appareil et les murs sans nuire aux résultats : de plus, dans de certains cas, nous le préférons pour éviter un refroidissement par contact.

Suivant les localités, on dispose un ou plusieurs conduits pour amener l'air, soit en le prenant dans les escaliers, les caves et même à l'extérieur. Cet air est mené dans l'appareil par les contours des côtés latéraux et inférieurs formés par deux plaques laissant entre elles un espace de 8 à 10 centimètres environ, garni de diaphragmes qui laissent facilement circuler l'air entre leurs parois; ils peuvent être exécutés en fonte, tôle, maçonnerie, ou enfin par la réunion de différentes matières pour former un appareil; par exemple : en prenant de la fonte pour la plaque inférieure et pour former le contre-cœur, des bandes de tôle pour former les diaphragmes, et des briques pour le reste.

Ce qui forme une des bases caractéristiques de ce système, c'est de ménager une ouverture longitudinale, sur le devant de l'appareil, qui en occupe toute la longueur et n'a qu'une très étroite dimension en hauteur ; elle est pratiquée à la partie inférieure et est recouverte par une lame munie d'un bouton extérieur à l'aide duquel on peut faire mouvoir la lame qui ouvre ou ferme cette espèce de bouche de chaleur.

L'air en passant dessous et autour des côtés latéraux et dessus le foyer, s'échauffe en laissant une partie de cet air sortir par l'ouverture inférieure, ce qui empêche la fumée de se répandre dans l'appartement et la force à prendre une direction ascensionnelle dans le conduit de la cheminée.

L'excédant de l'air chaud, qui en est la plus grande partie, se dégage, en outre, par des tuyaux placés à la partie du coffre à compartiments ou à diaphragmes formant le contre-cœur de la cheminée.

Cette combinaison a été couronnée d'un plein succès au Hâvre, où on a fait des expériences. Avec un feu ordinaire, fait dans un de ces appareils, on a pu chauffer trois pièces, à l'entière satisfaction de toutes les personnes qui en ont été témoins.

Les figures 23, 24 et 25, représentent une de ces cheminées.

Les mêmes lettres désignent les mêmes objets dans les différentes projections :

Figure 25, section ou coupe horizontale.

Poélier-Fumiste. 7

Figure 23, coupe verticale faite par le milieu de la cheminée.

Figure 24, coupe verticale faite par le milieu de la partie formant le fond ou contre-cœur de la cheminée.

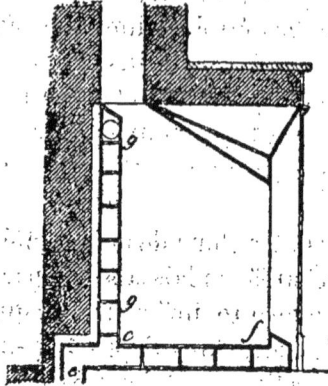

Fig. 23.   Fig. 24.

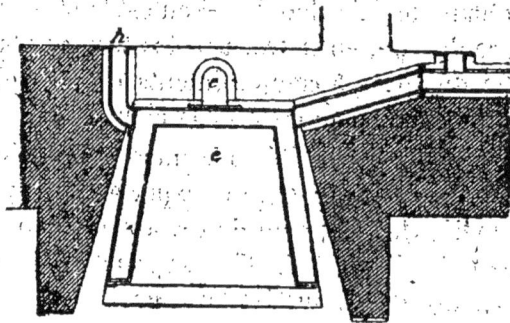

Fig. 25.

a a a, gros mur dans lequel on a ménagé l'espace vide pour y pratiquer une cheminée.

On voit qu'avec le mur de refend, il se trouve trois pièces à chauffer; elles peuvent l'être, soit toules trois ensemble, soit les unes après les autres, suivant le besoin ou la volonté ; mais ce second mode est le plus convenable en ce que, la température une fois amenée au degré voulu, il ne reste plus qu'à l'entretenir; ce qui peut se faire facilement, malgré un grand abaissement de température dans l'atmosphère.

c c, plaque inférieure où se fait le feu : la partie inférieure est garnie de diaphragmes entre lesquels circule l'air qui entre par le conduit *e*.

Une partie de cet air s'échappe par la petite ouverture *f*, qui occupe toute la longueur du devant de la cheminée. Nous avons dit que cet orifice pouvait être muni d'une lame garnie d'un bouton permettant d'ouvrir ou fermer ce passage à volonté.

g g g, contre-cœur formé de deux plaques entre lesquelles sont rivés ou fondus des diaphragmes forçant l'air de la partie inférieure à circuler dans cet espace avant de se rendre par les conduits *h* et *i* dans la pièce qu'il doit échauffer.

Si l'on voulait conduire l'air chaud au loin, il suffirait de le laisser s'élancer dans des tuyaux totalement isolés du mur pour éviter des pertes de calorique, et, en ouvrant ou fermant les bouches de chaleur, on chaufferait à volonté, même une pièce éloignée de l'appareil.

Il est bien entendu que l'air peut aussi circuler dans l'espèce de gousset placé au-dessus du foyer, et que cette partie peut être munie de diaphragmes comme les côtés latéraux; de plus, il est facultatif de faire correspondre ces divers courants d'air les uns avec les autres, ou de les diviser suivant la volonté ou le besoin des localités où seront installés ces appareils.

Il doit être bien entendu aussi que les dimensions relatives des différentes parties des appareils devront varier en raison des espaces dans lesquels ils seront construits, de même que les matériaux qui doivent entrer dans leur construction ; car nous désirons pouvoir en exécuter en fonte, en tôle et même en maçonnerie, si nous y trouvons de l'avantage ou de l'économie.

On comprend bien aussi que ces appareils peuvent avoir un tablier en tôle de tous genres de construction, et que les devantures sont susceptibles de recevoir toute espèce de décorations et de luxe désirables.

Cheminée de M. Touet-Chambor.

M. Touet-Chambor a cherché à construire un appareil qui réalisât exactement les conditions énoncées par M. Peclet pour obtenir une cheminée aussi parfaite que possible. Les meilleurs appareils, disait M. Peclet, seraient ceux qui renfermeraient à la fois la devanture, les surfaces de chauffe, le tablier et le registre, qui se poseraient dans une cheminée en appliquant les bords de l'appareil contre un cadre fixe posé à demeure dans le chambranle de la cheminée et sur lequel on le maintiendrait par trois ou quatre tourniquets. L'appareil s'enlèverait d'une seule pièce pour le ramonage, et se replacerait avec une grande facilité. Les figures 26 et 27 montrent cette cheminée vue de face et en coupe verticale.

L'appareil de M. Chambor se compose d'une plaque de fonte, ou bouclier coudé vers le haut au tiers de sa longueur. Les dimensions du cadre qui l'entoure étant les mêmes pour les châssis des ché-

minées ordinaires, on peut l'appliquer sur ces derniers sans aucun dérangement. Vers le bord de la
cheminée et sur la partie verticale on a ménagé une
ouverture grillée au-devant de laquelle est le foyer
formé d'une simple corbeille de fonte.

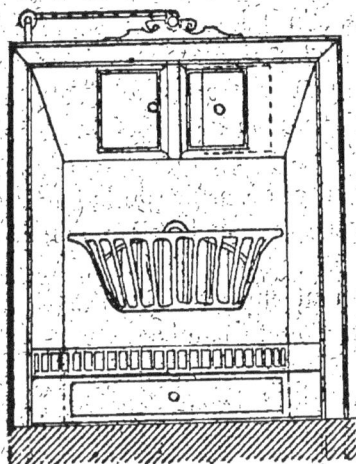 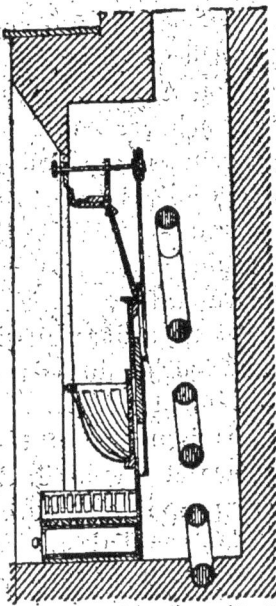

Fig. 26.   Fig. 27.

Derrière la grille glisse une plaque équilibrée par
un contre-poids, au moyen de laquelle on peut régler le tirage.

La partie supérieure et inclinée de la cheminée
porte deux ouvertures qu'on peut fermer par deux
registres qui se meuvent horizontalement. Un cendrier à grille et à tiroir complète l'appareil.

Lorsqu'on ferme les registres supérieurs, et qu'on lève la vanne située devant le foyer, la cheminée est à flamme renversée. Le tirage est tellement énergique qu'il suffit pour enflammer la grille de mettre devant elle quelques copeaux allumés.

En limitant à la hauteur du combustible incandescent les dimensions de la grille que la flamme traverse, les gaz provenant de la combustion viennent se mêler à l'air appelé au-dessous de la corbeille, et l'on a une combustion presque complète qu'on peut achever en laissant venir un peu d'air par les ouvertures supérieures. En laissant, au contraire, ces dernières ouvertures et abaissant le registre qui se trouve placé derrière la grille, on obtient une cheminée à flamme droite, qu'on rend plus ou moins active en faisant agir le foyer à flamme renversée.

Cet appareil est aussi propre à brûler de la houille, de la tourbe, du bois, sans donner lieu à aucun inconvénient.

Les figures 26 et 27 montrent cette cheminée vue de face et de profil. M. Touet-Chambor y a ajouté un appareil auxiliaire formé d'un jeu de tuyaux prenant de l'air au dehors, et le rendant échauffé dans l'appartement par des bouches latérales sur la cheminée.

Cheminée de M. GAUTHIER.

La cheminée de M. Gauthier ne présente, par rapport au type ordinaire, qu'une disposition spéciale dans la construction intérieure, pour ne pas laisser échapper la flamme, la fumée et l'air chaud directement, comme cela a lieu ordinairement, et par conséquent à utiliser la chaleur qu'ils emportent, perdue ordinairement.

Les figures **28** à **30** font voir le procédé adopté pour la construction.

Ainsi, les côtés latéraux et le dessous de la cheminée sont autant de carneaux dans lesquels circulent la flamme et la fumée avant de s'échapper par le conduit vertical ; il en résulte que les parois et le bas de la cheminée sont élevés à une très haute température et répandent dans l'appartement une forte chaleur, telle qu'on ne pouvait jamais l'obtenir par les dispositions ordinaires, avec une quantité donnée de combustible.

Comme le canal inférieur se prolonge assez avant dans la pièce, on peut, en mettant les pieds sur la plaque qui le recouvre, profiter de la chaleur sans être obligé de les exposer tout proche du foyer, ce qui est extrêmement avantageux ; car, dans le plus grand nombre de circonstances, ce sont surtout les pieds qui souffrent du froid et que l'on veut particulièrement chauffer : avec cette cheminée, on a cet avantage tout en profitant de la chaleur rayonnante que dégage le foyer.

Cette disposition de cheminée est d'autant plus commode qu'elle peut s'appliquer, dans tous les appartements en construction, avec la plus grande facilité et sans augmentation sensible de dépense : elle peut également, et à très peu de frais, s'appliquer aux cheminées existantes, sans détruire en aucune manière les ornements extérieurs qui peuvent l'accompagner.

Le tirage y est toujours très actif, par conséquent on n'a aucune crainte que la fumée se répande dans l'intérieur de la pièce, et il ne se forme presque aucun dépôt de suie dans les carneaux, dont le ramonage, d'ailleurs, peut se faire sans difficulté, parce que des ouvertures, fermées par des couvercles circulaires, sont, à cet effet, ménagées, dans la plaque qui recouvre le canal inférieur et sert de base ou de fond au foyer.

La construction de ce nouveau système de cheminée peut être faite soit en brique, comme on les construit généralement, soit en fonte, en fer, en tôle, soit en toute autre matière : on peut aussi les disposer de manière à établir des courants d'air autour des carneaux de flamme et de fumée, de manière à recevoir, dans l'intérieur de la pièce, de l'air chaud constamment renouvelé.

En résumé, il résulte de cette disposition nouvelle de cheminée :

1° Avantages sous le rapport de la chaleur utilisée ;

2° Economie très grande sous le rapport du combustible.

Ce sont deux points capitaux qui sont regardés comme de la plus grande importance dans l'industrie domestique.

Cette figure de cheminée, à l'extérieur, présente exactement le même aspect que les cheminées ordinaires.

Fig. 28, plan vu au-dessus de la dite et de la plaque qui recouvre le canal et qui s'avance sur le devant de la cheminée.

Fig. 29, section verticale et transversale pour montrer le canal inférieur et l'un des carneaux latéraux dans lesquels circulent la flamme et l'air chaud.

Fig. 30, autre coupe verticale faite perpendiculairement à la précédente, elle montre bien la communication du foyer avec le carneau latéral de droite et
celle du carneau opposé avec le conduit qui se rend
à la cheminée commune.

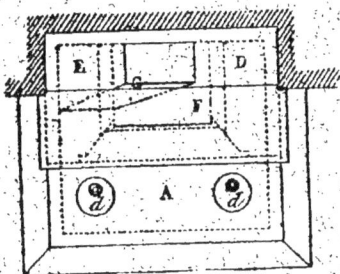

Fig. 28.

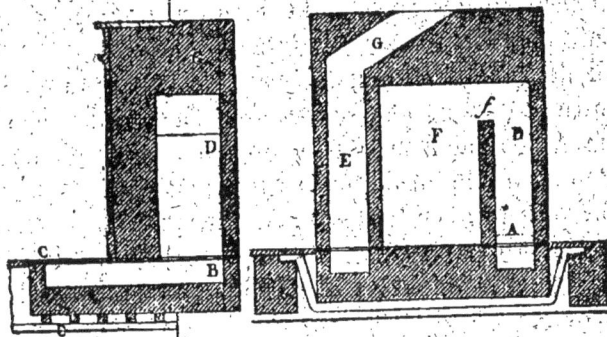

Fig. 29.   Fig. 30.

Les mêmes lettres désignent les mêmes parties
dans chacune de ces figures.

A, plaque de fonte en fer, de forme rectangulaire,
placée au niveau du plancher pour recouvrir le canal
inférieur, dans lequel se rendent la flamme et la
fumée; cette plaque peut être en toute autre matière,

telle que marbre, etc.; elle est percée de plusieurs ouvertures, savoir :

1° Une grande ouverture carrée A, pour l'évider dans toute la partie correspondante au foyer, dont le dessus est en briques.

2° Deux ouvertures rectangulaires B, ménagées de chaque côté de la précédente, pour communiquer des canaux latéraux au canal inférieur.

3° Deux orifices circulaires C, qui permettent de nettoyer l'intérieur des conduits; ces orifices sont constamment fermés par des bouchons ou couvercles de fonte, de tôle ou de cuivre, tels que ceux représentés en d sur le plan, fig. 24; ils entrent à feuillure dans les orifices, de manière à se mettre à fleur avec la surface de la plaque.

B, canal inférieur formé dans l'épaisseur même du plancher, au-dessous de la cheminée : il met en communication le conduit latéral de droite D avec celui de gauche E. Construit en briques, comme le montre le dessin, et recouvert de la plaque métallique A, ce canal peut être construit aussi bien en fonte ou en tôle ou de toute autre matière.

On voit, par les figures du dessin, qu'il est soutenu par des brides en fer C, dont les extrémités coudées sont engagées dans les solives du plancher qui les supporte.

Dans le cas où la maçonnerie serait remplacée par une caisse de fonte ou de tôle, les rebords mêmes de cette caisse pourraient reposer sur les pièces de bois qui forment l'encadrement de la cheminée pour supprimer les brides c.

D, conduit latéral de droite communiquant, par sa partie supérieure en f, avec le foyer en F, et, par le bas, avec le canal inférieur B, comme l'indique la coupe, fig. 30.

E, second canal latéral faisant communiquer le canal inférieur avec le conduit vertical qui amène la fumée au dehors.

Ces deux conduits latéraux sont, comme l'indique bien le dessin, ménagés dans l'épaisseur même des parties latérales de la cheminée qui, du reste, présente, à l'extérieur, la même forme, la même disposition que les cheminées ordinaires et peut recevoir les mêmes ornements.

Le conduit incliné G, qui met le canal E en communication avec le canal vertical allant au dehors, peut être plus ou moins oblique, suivant la disposition de celui-ci, par rapport à la cheminée; en tous cas, on peut toujours le construire de telle sorte qu'un ramonage facile puisse y être fait, comme on peut aussi nettoyer, avec la plus grande facilité, les carneaux ou conduits latéraux et le canal inférieur.

F, foyer construit à la manière ordinaire; seulement il ne communique pas directement avec le conduit vertical, qui se rend au dehors, comme dans les autres cheminées construites jusqu'ici, mais il est en communication, par l'orifice supérieur f, avec le canal latéral de droite D, fig. 30.

Ainsi, il est aisé de voir, par cette dernière figure, que la flamme et tous les gaz résultant de la combustion se rendent d'abord dans ce canal D, ne trouvant pas d'autre passage que celui f; ils redescendent donc le long de ce canal pour se précipiter dans le canal inférieur B, qu'ils échauffent très fortement, au point qu'il est impossible d'endurer la main sur la plaque A.

De ce canal inférieur, qu'ils parcourent complètement, ils remontent par le second carneau E, dans le
conduit incliné G, et de là se rendent au dehors.

A la jonction du canal C et du conduit E, ou un
peu plus bas, si on le juge convenable, on place un
tiroir ou registre qui règle le tirage de la cheminée,
et peut encore servir, dans le cas où, par négligence
ou défaut de ramonage, le feu prendrait dans l'intérieur des carneaux ou conduits, à l'éteindre immédiatement en fermant entièrement toute communication.

Cette précaution sera presque toujours inutile,
parce que, comme les ouvertures ménagées dans les
plaques d'assise A permettent d'introduire dans l'intérieur des carneaux un balai ou un râcloir, on peut
toujours les nettoyer grossièrement de temps à autre,
et éviter par là toute crainte que le feu ne prenne à
la suie déposée.

Pour mieux utiliser encore la chaleur du foyer, il
est facile de concevoir que, par la disposition qui a été
adoptée, il suffirait de prolonger le canal inférieur
bien avant dans la pièce, en formant une séparation
en briques, en fonte ou en tôle, au-dessous et dans
le milieu de la plaque de recouvrement A : celle-ci
serait elle-même plus longue de toute la quantité
qu'on le jugerait nécessaire.

On peut aussi s'arranger pour que les conduits
d'air qui entourent les carneaux et principalement
tout le canal inférieur, débouchent dans la pièce, du
côté opposé à la place de la cheminée : il en résul-
terait ainsi l'avantage de profiter de toute la chaleur
de cet air avant qu'il ne se rende au foyer pour alimenter le combustible.

De cette sorte, on n'a pas seulement le grand avantage d'avoir la plus grande partie de chaleur provenant directement du foyer, mais encore celui de profiter de celle de l'air venant de l'extérieur et constamment chauffé par les parois des canaux.

Mode de fermeture des appareils de chauffage, par M. P. DESCROIZILLES.

On ne peut généralement, dans les divers appareils de chauffage pour les appartements, jouir de la vue du feu sans perdre beaucoup de chaleur, et pourtant on préfère les cheminées aux poêles et aux calorifères. Il manquait donc un moyen facile et commode de rendre les cheminées susceptibles de chauffer aussi économiquement que les poêles et calorifères. Ce moyen nous semble avoir été trouvé par M. Descroizilles, qui est parvenu, en outre, à donner aux foyers des poêles et calorifères la gaîté de ceux des cheminées sans leur faire rien perdre de leur puissance de chauffe.

Ce procédé consiste à mettre aux cheminées des portes ou des rideaux en tissus métalliques très fins et très serrés de fil de fer ou de cuivre; le n° 100, par exemple; au lieu de ces portes et rideaux pleins et mobiles qui ne servent qu'à allumer le feu; comme à substituer des portes de ces tissus aux portes pleines des poêles et calorifères. Dès que la flamme brille, le tissu ou réseau disparaît presqu'entièrement à la vue; mais comme par sa finesse il ne laisse qu'un très faible passage à l'air, il en résulte qu'il ne s'introduit dans le foyer que la quantité d'air nécessaire à la combustion et que, par conséquent, l'air brûlé ne peut s'échapper qu'à une température très élevée, comme cela arrive dans les foyers fermés ; en sorte qu'en disposant dans les cheminées et derrière le foyer, des appareils métalliques comme ceux dont se composent les poêles et calorifères masqués par la devanture, le métal peut, comme dans ces derniers, communiquer la chaleur qu'il reçoit de l'air brûlé à l'air ambiant, et comme eux, fournir de la chaleur dans une ou plusieurs pièces, suivant l'importance du foyer et de l'appareil calorifère. Il est bien évident que la substitution des portes de tissus aux portes pleines des calorifères ne fera rien perdre à ceux-ci de leur puissance.

En donnant ces explications, qui sont la base du procédé, il devient superflu d'entrer dans le détail des moyens d'exécution ; car ils dépendent d'une variété de circonstances si considérable qu'il serait trop long d'entrer dans le détail des diverses applications qui peuvent en être faites.

Tous les fourneaux dont le foyer est fermé par une porte en fer ou en fonte, très lourde et qui, cependant, est souvent brûlée par le calorique rayonnant et par les flammes réunies qui viennent la battre et qui en même temps détruisent les maçonneries dans lesquelles elle est scellée, gagneront beaucoup à la substitution des portes métalliques, plus légères et qui auront l'avantage :

1º De ménager la maçonnerie ;

2º De permettre de voir, sans rien ouvrir, si le feu a besoin d'être alimenté ou tisonné ;

3º D'introduire au-dessus de la masse en combustion, assez d'air pour enflammer les gaz qui,

sans cela, échapperaient à cette combustion, en sorte
que les fourneaux brûleront plus de fumée ;

4° Enfin, de perdre beaucoup moins de calorique
rayonnant, perte qui, avec les portes fermées, avait
aussi l'inconvénient de gêner le chauffeur.

Nous croyons inutile d'entrer dans les détails de
construction ; ce qui a été dit pour les foyers domestiques doit suffire : il ne nous reste qu'une observation importante à faire, c'est que, dans le cas d'un
tirage trop considérable, on pourra mettre plusieurs
feuilles de tissus l'une sur l'autre afin de diminuer
l'introduction de l'air ; le but n'étant pas ici de voir
complètement le feu, mais de s'assurer de l'état de
la combustion.

§ 3. APPAREILS AUXILIAIRES POUR UTILISER LA CHALEUR PERDUE.

Nous avons déjà eu l'occasion de décrire quelques
modèles de cheminée, où l'on s'était proposé d'utiliser la quantité considérable de chaleur emportée par
les produits de la combustion, dans les conduits et
par conséquent perdue au point de vue du chauffage
qu'on veut obtenir dans la pièce. La réalisation de
ce but a été poursuivie par de nombreux inventeurs,
et il a été créé un grand nombre d'appareils divers
pour y arriver. Ils reposent tous sur le même principe : Intercaler dans la construction de la cheminée
une série de tuyaux mis d'une part en communication avec l'air extérieur, de l'autre débouchant dans
la pièce où se trouve la cheminée, ou même une
autre voisine, qui baignent dans les produits de la
combustion et leur enlèvent ainsi par conductibilité

leur calorique, pour le transmettre à l'air qui y circule et augmenter ainsi le chauffage dans le local où ils sont disposés. Ils offrent l'avantage dans certains cas de pouvoir être installés dans une ancienne cheminée, sans pour cela qu'il soit nécessaire de la changer, et sont en tous cas bien supérieurs aux anciennes ventouses. Nous décrirons ceux de ces appareils que la pratique a définitivement consacrés.

L'appareil le plus simple de cette espèce consiste en un tuyau de tôle fermé à ses deux extrémités, avec deux manchons latéraux, l'un inférieur mis en rapport avec l'air extérieur, l'autre au sommet s'ouvrant dans la pièce au-dessous du plafond par exemple. Ce tuyau est disposé dans le conduit de fumée immédiatement au raccordement de ce conduit et du coffre. Il est très simple à établir, peu coûteux, mais peut amener des obstacles d'abord au tirage, ensuite et surtout au ramonage du conduit. La figure 31 montre la coupe d'une cheminée munie d'un appareil de ce genre.

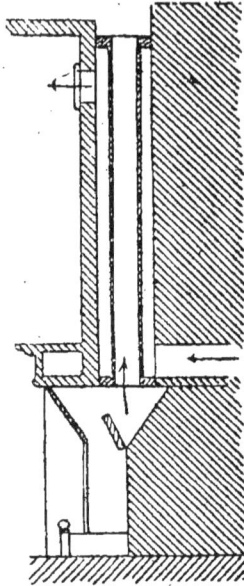

Fig. 31.

Procédé de MM. Lenormand *et* Chevalier.

L'air devenant plus léger à mesure qu'il est échauffé, il occupe alors la partie supérieure des ap-

partements; les couches inférieures sont par conséquent toujours plus froides. Profitant de cette observation, MM. Lenormand et Chevalier ont proposé de
remplacer la bûche en terre cuite qu'on place ordinairement à Paris sur le derrière du foyer, par une
bûche creuse en fonte qui se pénètrerait plus promptement de la chaleur fournie par le combustible,
pour le reverser ensuite dans l'appartement, en
établissant un courant d'air dans l'intérieur de la
bûche. Pour remplir ce but, on se procure un tuyau
de fonte creux de 14 centimètres de diamètre, d'une
longueur de 8 à 11 centimètres moindre que la largeur de la cheminée; à ses deux bouts on y réserve
deux tourillons creux, de 3 à 5 centimètres de long,
afin que le tout puisse entrer dans la cheminée et se
placer comme bûche du fond. Les auteurs préfèrent ce tuyau carré, afin qu'il prenne mieux son as-
siette sur l'âtre et près du contre-cœur. A l'un des
deux tourillons, on ajuste un tuyau en tôle qui l'embrasse et traverse la paroi de la cheminée qu'on a
fait percer : ce tuyau déborde de 27 à 34 millimètres
dans la chambre, et porte à son extrémité une soupape qu'on ouvre et ferme à volonté pour donner
passage ou non à l'air.

Si la chambre reçoit assez d'air, on n'aura pas
besoin de le prolonger plus loin; mais, si l'air n'était
pas suffisant, on le prolongerait autant que cela
serait nécessaire, pour prendre l'air extérieur. Dans
ce cas, la soupape dont on vient de parler serait inutile.

A l'autre tourillon, on place un petit tuyau semblable, qui, à 5 ou 7 centimètres de la cheminée,
s'élève verticalement jusqu'à la hauteur de 2 mètres

à 2 mètres 50 centimètres, si rien ne gêne, ou s'il ne
produit pas à ce point un mauvais effet. Dans le cas
contraire, on le prolonge par terre contre le mur,
pour le faire élever ensuite verticalement dans
l'angle le plus près, où l'on peut le masquer parfaitement.

La figure 32 montre de face les dispositions de cet
appareil.

On voit en A le gros tuyau; B B, les deux tourillons; C, le tuyau de tôle garni de sa soupape,

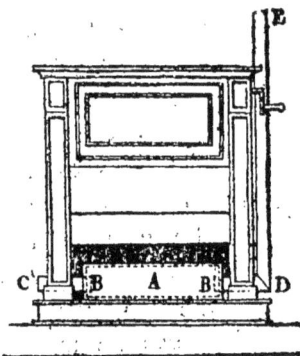

Fig. 32.

comme une bouche de chaleur, lorsqu'il prend l'air
de la chambre, ou qui se prolonge sans soupape lorsqu'il va prendre l'air à l'extérieur.

Le tuyau D est coudé à quelques pouces de la
cheminée, et s'élève en E lorsque rien ne s'y oppose,
ou se prolonge en ligne droite jusqu'au coin le plus
près, où il se coude, pour se relever de 2 mètres 27
centimètres à 2 mètres 50 centimètres de long contre
le mur, où l'on peut le masquer facilement.

Lorsqu'on prend l'air à l'extérieur, il faut placer
une soupape tournante dans le tuyau ascendant E,

de la même manière qu'on les place dans les tuyaux de poêle ordinaire, et qu'on désigne sous la dénomination de *clef*.

Il est facile de faire concevoir comment le tirage s'établit dans cet appareil. La soupape C étant ouverte, de même que la clef, s'il y en a une au tuyau E, aussitôt que le feu brûle devant le tuyau A, ce tuyau s'échauffe; l'air qu'il contient et qui est en équilibre avec celui de l'intérieur de la chambre, s'échauffe aussi et devient plus léger que d'abord; il cherche à occuper la place supérieure dans le tuyau D, E, et fait place à de nouvel air froid qui entre par l'extrémité C; l'air chaud sort par l'extrémité supérieure du tuyau E, se mêle avec celui de l'appartement et le réchauffe.

Ce procédé peut être appliqué à toute autre cheminée que celle en tôle, prise pour exemple. Il est facile de le construire dans toute cheminée, sans être obligé de percer les murs; on place les deux côtés du tuyau, à chacun des tourillons, un tuyau coudé qui se dirige vers la chambre, et de là au dehors de la cheminée, par un, deux ou trois tuyaux coudés; on les fait aller contre les murs, et on les dirige où l'on veut. Il suffit que le tuyau ait une hauteur verticale de 2 ou 3 mètres.

Appareil de M. FONDET.

Il se compose de deux caisses de fonte placées dans le corps et réunies par des tuyaux carrés de même métal, de 25 millimètres de côté, au nombre de trente-cinq, quarante ou soixante suivant les dimensions de l'appareil. Les tuyaux et la caisse supérieure sont en

contact avec la flamme ou les gaz provenant de la
combustion, et par suite facilement échauffés. L'air
froid arrive d'abord dans la caisse inférieure, se rend
dans la caisse supérieure en passant par les tuyaux
qui les réunissent, et sort par des bouches de chaleur,
sur les côtés de la cheminée. En donnant à ces bouches des dimensions suffisantes, l'appareil remplit

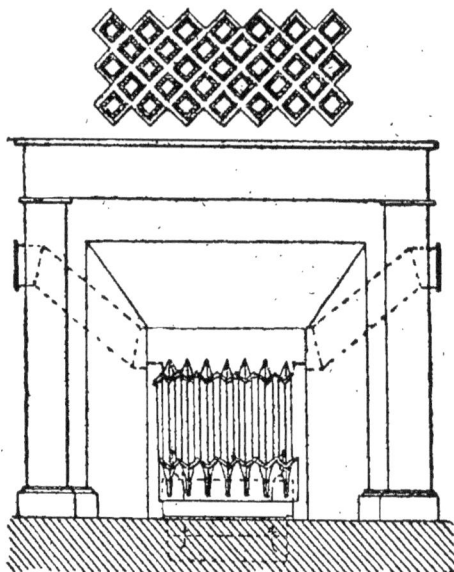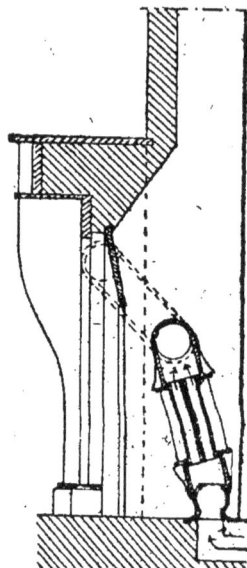

Fig. 33.   Fig. 34.

d'excellentes conditions de chauffage et de ventilation.

La forme rectangulaire des tuyaux et leur disposition ingénieuse rendent le nettoyage extrêmement
facile.

Les figures 33 et 34 montrent l'appareil vu de face
et de profil, ainsi que la section horizontale de la
série de tuyaux.

Appareil de M. CORDIER.

M. Cordier s'est proposé de perfectionner l'appareil précédent pour en faire disparaître quelques inconvénients reconnus dans la pratique. La structure générale ne présente pas toutefois de différence avec celle de l'appareil Fondet.

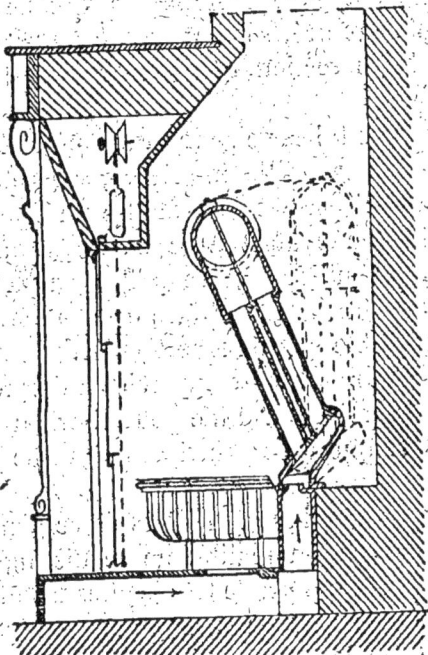

Fig. 35.

Seulement, le premier bouchant presque la cheminée rend le ramonage assez difficile, qui ne peut se faire qu'à la corde, il faut extraire la suie par une ouverture pratiquée à la partie inférieure, que l'on bouche ensuite au moyen d'un tampon, opération assez difficile et souvent aussi mal faite.

Pour remédier à cet inconvénient, M. Cordier a disposé son appareil en deux pièces, la partie principale réunissant les petits tubes et formant la plaque de fond est articulée, peut se relever dans la cheminée et donner passage au ramoneur lui-même, ou à l'appareil employé pour le nettoyage qui devient plus facile et plus assuré, surtout dans les anciennes cheminées à large section, qu'on ne peut nettoyer à la corde.

En outre, les tubes ne sont pas de même longueur, ils reposent à la partie inférieure, sur cette plaque inclinée, ce qui permet d'en mettre un nombre plus considérable en contact avec elle. L'assemblage à manchons en feuillure assure qu'il n'y aura pas d'infiltrations de fumée. La surface de chauffe est aussi plus considérable que dans le Fondet.

La figure 35 montre cet appareil vu de profil placé dans une cheminée à grille pour charbon de terre, disposée pour que le combustible ne touche pas l'appareil.

Il existe de nombreux modèles de ce genre d'appareils, mais qui, en réalité, ne se distinguent des deux précédents que par de très-légères modifications. Nous croyons inutile d'entrer dans de plus grands détails à leur sujet.

Appareil de M. LAURY.

L'appareil de M. Laury, bien que reposant toujours sur le même système, présente une variation dans sa forme, ainsi qu'on peut le voir par les figures 36 et

37 qui le représentent vu d'ensemble et en coupe. Le constructeur s'est évidemment proposé d'augmenter la surface de chauffe baignée par les flammes du foyer, par suite la quantité d'air échauffé envoyé dans la pièce, tout en établissant l'appareil d'une seule pièce, ce qui peut apporter une économie dans le prix de revient.

Il forme une sorte de foyer se plaçant dans la cheminée dont il garnit tout l'intérieur, et chauffe la

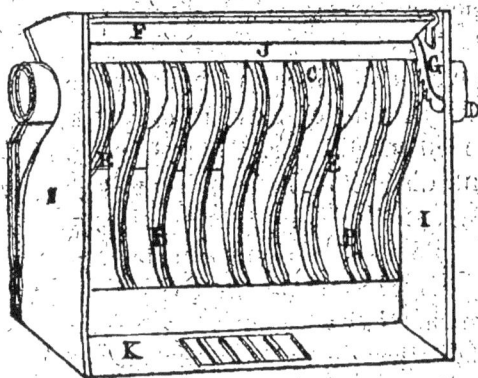
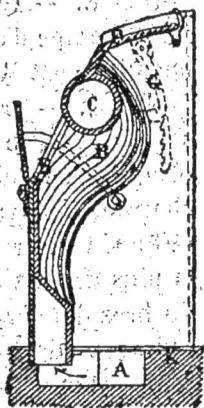

Fig. 36.   Fig. 37.

pièce où il est placé directement par rayonnement et plus encore par deux bouches de chaleur placées sur les côtés de la cheminée. Il peut de plus chauffer également par des bouches de chaleur des pièces voisines de la première.

La prise d'air extérieur A est remplacée en cas de trop grande difficulté, par une prise latérale dans la pièce même et sur les plinthes. Sa section doit être égale au moins à celle des bouches.

Les tuyaux des appareils précédents sont remplacés par des consoles creuses B à grande surface de chauffe et à grandes sections, venues de fonte sur une plaque de fond, exposées directement par leur courbure au rayonnement du combustible, réfléchissant dans la pièce la chaleur reçue, et dans l'intérieur desquelles circule et s'échauffe l'air de la prise d'air.

On voit en C le récipient, où se rassemble l'air chaud qui se rend aux bouches de chaleur par l'intermédiaire des tuyaux en tôle.

D et E. — Trappe et sortie directe de fumée formant pompe d'appel au moment de l'allumage si la cheminée est difficile.

F et G. — Trappe à crémaillère pour régler le passage de sortie de la fumée, suivant que l'exige chaque cheminée en particulier. Cette trappe a sa charnière en avant, disposition favorable pour rejeter la fumée en arrière, et elle s'enlève tout entière avec la plus grande facilité pour le ramonage, le passage du bras derrière le foyer et au besoin la montée d'un ramoneur dans la cheminée.

I. — Plaques latérales de contre-cœur en fonte, venues avec le fond.

K. — Plaque d'âtre en fonte toujours mobile pour la visite et le nettoyage facile du conduit de prise d'air.

Comme on le voit, ce foyer calorifère d'une seule pièce, porte à la fois les trappes, les plaques de côté et d'âtre, la plaque de fond, la *chambre de chaleur*, etc. — Pour le poser, il suffit de le placer, la plaque d'âtre sur l'ouverture d'arrivée d'air, et aussitôt le fonctionnement des bouches est assuré sans odeur possible de fumée, ce qu'on ne pourrait garantir pour

longtemps avec des chambres de chaleur en maçonnerie. Ce foyer brûle tous les combustibles avec
des chenets ou des grilles, son rendement calorifique,
vu la grande surface de chauffe, est très considérable,
son efficacité pour les cheminées mauvaises certaine
et enfin ses qualités hygiéniques et économiques irré-
prochables.

§ 4. CHEMINÉES DESTINÉES A BRULER DU CHARBON DE TERRE.

Tout le monde sait que dans les cheminées ordinaires où l'on brûle du bois, on se sert de chenets
destinés à supporter les bûches un peu en l'air, afin
que l'air appelé par le tirage passant ainsi à travers
tout le combustible en active le feu. Cette nécessité est
plus indispensable avec la houille, aussi les cheminées destinées à brûler exclusivement ce combustible
sont-elles aménagées spécialement; non point qu'aucune des règles générales que nous avons invoquées
à chaque instant subisse de changements, mais seulement l'aménagement du foyer.

Ce foyer se compose généralement d'une coquille
formée de barreaux de fonte présentant entre eux un
écartement assez petit, pour que les menus morceaux
de combustible ne passent pas au travers. Cette coquille est elle-même enveloppée dans une niche de
métal, où elle est suspendue à une certaine hauteur
au-dessus du sol. Par ce moyen, tout l'air qui passe
à travers le foyer, rencontre une section de passage
moindre que dans les cheminées en bois, et la masse
du combustible partage cette section en deux parties,
de façon à ce que la plus grande partie de l'air, pour

Poélier-Fumiste. 8

se rendre dans le conduit, soit obligée de traverser la nappe de charbon de bas en haut, pour bien en assurer la combustion.

Généralement, ces appareils sont formés d'une partie en fonte d'une seule pièce, présentant un cadre qui s'emboîte exactement dans l'embrasure des coffres des cheminées. La grille s'y accroche par des procédés divers, un cendrier mobile permet d'opérer facilement le nettoyage et l'extraction des cendres.

Il est bien évident que toutes les dispositions de ventouses, pour utiliser toute la chaleur, et chauffer directement des masses d'air prises dans la pièce même ou au dehors, puis reversées dans le local, que nous avons eu l'occasion de décrire dans le paragraphe précédent peuvent s'appliquer ici.

Nous ne croyons pas utile d'entrer dans le détail même de la construction de tous ces appareils, qui ne diffèrent que par des questions de forme ou de décoration. Enfin, au lieu d'un simple appareil, qui se place dans le foyer d'une cheminée ordinaire, le système peut lui-même former une cheminée complète, qui entre alors dans la catégorie des cheminées dites cheminées-poêles ou à la prussienne.

Nous donnerons la description de quelques modèles, en particulier choisis en Angleterre, où ce mode de chauffage est encore plus répandu que chez nous.

Cheminée en grotte de M. de la Chabeaussière.

M. de la Chabeaussière a fait construire, dans le local où la Société d'Encouragement tient ses séances, une cheminée que l'auteur nomme *cheminée grotte*, et qui est destinée à brûler de la houille. Elle est construite d'une seule pièce en terre crue, malaxée avec de la bourre, de manière qu'en la plaçant dans une autre cheminée de construction ordinaire, elle peut servir sur-le-champ. La terre se cuit peu à peu par le feu qu'on y fait. Elle présente un vide parabolique de 57 centimètres de hauteur sur 37 centimètres de large et 16 centimètres d'enfoncement. Les parois ont 8 centimètres d'épaisseur. La fumée est aspirée par une ouverture de 8 à 10 centimètres de diamètre, pratiquée à son sommet sur le devant.

Le combustible se place sur une grille de fer isolée, dont le sol est cintré comme le vide de la cheminée ; un grillage perpendiculaire à retour d'équerre est adhérent à la grille plate : ce retour a 10 centimètres de hauteur. Trois pieds, de 15 centimètres de hauteur, soutiennent cette grille, et forment un espace propre à recevoir un grand courant d'air et à contenir les cendres, qui peuvent être recueillies dans une capsule mobile posée sur l'âtre.

Un souffleur ordinaire en tôle est fixé près la barre du manteau de la cheminée.

Il est reconnu que de toutes les formes adoptées jusqu'à présent pour la construction des cheminées propres à brûler le charbon de terre, celle-ci paraît une des meilleures.

Elle offre d'ailleurs un grand avantage par la facilité qu'on a de la placer et de l'ôter à volonté, sans avoir besoin d'un maçon pendant plus d'une heure, si l'on ne veut pas la placer soi-même. Dans tous les cas, les frais de construction ne peuvent pas dépasser 4 à 5 francs, non compris la grille, qui coûte 6 francs en fer forgé, et un tiers de moins en fonte.

Avec 20 briquettes de houille, qui coûteront au plus, 75 à 80 centimes, ou 8 kilogrammes de charbon de terre pur, on peut se procurer un très bon feu durant 12 à 15 heures.

En augmentant les proportions d'une semblable cheminée, la construisant en briques cimentées avec de la terre argileuse, et en conservant la forme parabolique, on pourrait y brûler du bois mis sur des chenets, ou un mélange de bois, de houille ou de briquettes, ainsi qu'on le fait dans plusieurs grandes maisons qui ont adopté ce mélange, comme procurant une chaleur plus forte.

Si l'on ne voulait pas se renfermer dans une stricte économie, et donner encore plus de solidité à la grotte, on pourrait la faire couler en fonte, et en y adaptant par des agrafes, deux plaques de même métal pour remplir la face antérieure des cheminées déjà établies où l'on voudrait la poser; un peu de terre argileuse colorée en noir par du molybdène (ou toute autre substance), fermerait les interstices qui pourraient exister entre ces plaques. Dans ce cas, et pour tirer un meilleur parti du calorique qui traverse si facilement les pores du fer, l'auteur propose de construire derrière la grotte et les plaques un massif en briques, à 54 millimètres de distance et de même forme, lequel, fermé à la partie supérieure, ne permettra pas au calorique dégagé dans cet intervalle de communiquer avec le tuyau de la cheminée. Ce calorique pourra être refoulé dans l'appartement à l'aide d'une ouverture pratiquée au bas d'une des plaques, ou même des deux.

Cette nouvelle cheminée serait susceptible de recevoir des ornements comme celles employées en Belgique, et serait moins coûteuse.

L'aspiration de la fumée par le tuyau ou souffleur se fait avec tant de force qu'elle ne peut point refluer dans l'appartement, non plus que les cendres du charbon de terre, si nuisibles à la propreté des meubles. L'activité de ce tirage est moins entretenue par l'air de l'appartement que par deux ventouses placées sous le manteau de la cheminée; aussi l'on n'a pas l'inconvénient d'avoir les talons glacés en se chauffant le devant du corps.

Ces deux ventouses d'un très petit diamètre, fournissent deux colonnes d'air froid qui arrive avec un mouvement d'autant plus rapide que le foyer dégage plus de chaleur et met plus tôt en expansion le volume d'air surabondant au besoin du combustible.

Une portion de cet air dilaté tourne au profit de l'appartement, mais une autre partie est entraînée avec la fumée par un mouvement un peu trop rapide dans la cheminée, d'où elle s'élève jusqu'au faîte sans être contrariée par les deux petites colonnes d'air froid qui se sont établies d'elles-mêmes dans l'intérieur du large tuyau vertical. Peut-être éprouverait-elle plus d'opposition si la cheminée était fortement dévoyée. L'auteur a depuis établi une autre cheminée dans laquelle il a remplacé le souffleur par une ouverture de 37 centimètres de long sur 8 à 10 centimètres de large, pour le passage de la fumée; il a supprimé en même temps les deux ventouses. D'après cette modification, l'air de l'appartement entretient presque seul la combustion; aussi la houille devient plus difficile à allumer, et elle peut répandre un peu d'odeur dans la pièce, si l'on n'apporte pas les plus grands soins dans l'arrangement du combustible.

Dans le premier cas, où le courant d'air froid est trop accéléré par les ventouses pour permettre l'expansion complète de l'air chaud dans l'appartement, il est facile de le modérer à l'aide d'un registre, ou en en supprimant une, et prolongeant celle qui resterait, jusqu'à la base du foyer, à l'aide d'un tube de fer. Ce moyen pourrait peut-être remédier complètement au léger inconvénient qui résulte d'une trop grande quantité d'air froid.

Quelques personnes objecteront à l'auteur que la construction de sa cheminée n'en permet pas le ramonage ; mais il en coûtera si peu de soins et de dépenses pour la démonter et déplacer quelques briques, que cette objection n'en peut pas plus empêcher l'usage que celui d'un poêle dont on ôte presque toujours les tuyaux pendant l'été.

Cheminées irlandaises.

F. Gray rapporte que E. Buchanan, dans son essai sur l'économie du combustible, dit qu'en débarquant en Irlande, il fut frappé de l'excellente construction de la cheminée de l'auberge où il logea. Il crut d'abord qu'elle était de l'invention de l'hôte ; mais à son grand étonnement, il trouva de ces cheminées partout. Les figures 38 et 39 nous montrent l'une une vue de front, l'autre une section verticale de ces cheminées bien calculées pour remédier à l'ennui de la fumée et économiser le combustible. Le foyer a beaucoup de largeur et peu de profondeur, afin de présenter à la chambre la plus grande surface de feu, d'où il résulte plus de rayonnement, et conséquemment plus de chaleur. La partie supérieure de la cheminée est partiellement fermée par des plaques de grès qui forment une voûte, et dans le mur de derrière on a pratiqué une niche ovale, comme on le voit

Fig. 38. Fig. 39.

fig. 38; enfin, l'on donne à la gorge une section très petite, afin d'augmenter la vitesse du tirage et accélérer la marche de la fumée.

Cheminée du Staffordshire.

A Birmingham et dans les environs de cette ville, si éminemment manufacturière, on trouve à peu près le même système de cheminées. La fig. 40 indique la manière dont sont placées les grilles qui servent à brûler la houille ou le coke. La place destinée à recevoir la grille des cheminées ordinaires est ici complètement bouchée par un mur élevé dans la partie du manteau; on n'y laisse qu'un petit passage pour la fumée, un peu au-dessus de la grille, qui, comme on le voit, s'avance de toute sa profondeur dans l'intérieur de la chambre. Les dimensions du passage pour la fumée ne varient guère en raison de celles de la grille ; terme moyen, elles sont d'environ 27 centimètres en carré.

Lorsque le réduit destiné à la grille est trop grand, quand, par exemple, on désire de la cuisine d'une

vieille maison faire un salon, ou bien encore que
l'on veut économiser le combustible, on fait construire un tuyau derrière la grille qui va se rendre à
la gorge d'une vieille cheminée, et les espaces latéraux servent d'étuves ou d'armoires pour les substances qui ne peuvent être exposées à l'humidité sans
se détériorer.

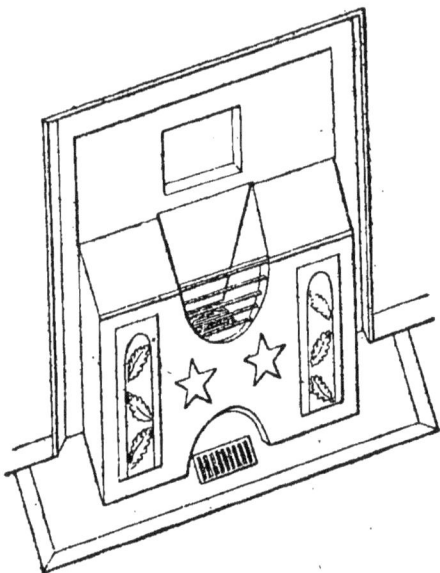

Fig. 40.

Cette méthode est bien préférable pour les foyers
ouverts sur lesquels on brûle la houille ou le coke, à
celle de Rumford. A la coutume générale de vouloir
voir la flamme des foyers, il a fallu sacrifier économie, convenance et propreté. Cependant, tout le monde
peut se convaincre que le chauffage, au moyen de
poêles, de bouches de chaleur, par les tuyaux à va-

peur, etc., est préférable, sous plusieurs rapports, à la méthode des foyers ouverts qui donnent lieu à une si grande déperdition de calorique. Bien plus, les courants d'air qui s'établissent dans les chambres chauffées par des cheminées sont si défavorables qu'il arrive souvent qu'on est brûlé par devant, tandis qu'on est gelé par derrière; ce qui, en d'autres termes, annonce une grande différence de température, même dans un petit espace de la pièce, inconvénient que n'ont pas les poêles.

Cheminée de sir GEORGE ONESIPHORUS PAUL.

La cheminée-poêle de sir George Onesiphorus Paul, dont on fait usage à la prison de Glocester, est un appareil curieux qui peut servir à la fois de cheminée ouverte, de poêle et de ventilateur.

La figure 41 en donne une vue en perspective.

a, est le foyer dont les dimensions sont moyennes;

b, est une grille qu'on y place, dont les côtés $n\,n$ la dépassent de 68 millimètres.

$c\,c$, sont deux portes battantes qui ferment le cendrier.

$d\,d$, sont deux portes battantes qui ferment le devant de la grille.

e, porte qui ferme le dessus de la grille lorsqu'on veut obtenir un fort tirage; la fumée se dirige alors par l'ouverture h, et la porte sert à réchauffer des plats au besoin.

f, est une barre plate qui se projette de 68 millimètres en avant de la grille et sert de panneau pour les portes supérieures et inférieures;

g g, ouverture du cendrier communiquant avec des tuyaux pour le passage de l'air, ouvrant par derrière ou sur les côtés.

h, ouverture dans le conduit de derrière qui sert de passage pour la fumée quand la porte *e* est fermée.

i, double registre qui sert à fermer le conduit de

Fig. 41.

derrière quand la grille est ouverte, ou le conduit de devant, quand le tirage par derrière devient nécessaire, ou enfin pour empêcher la chaleur de s'échapper par la cheminée.

Les trous *g g* doivent être munis de rebords saillants de quelques centimètres, qui reçoivent les tuyaux pour le passage de l'air, et on adapte en *g g* à l'intérieur des portes qu'on ferme quand celles de la grille sont ouvertes; en effet, dans ce dernier cas, il n'y a presque point de tirage à travers les tuyaux, et la poussière ou la cendre les traverserait sans cette précaution et se répandrait dans la chambre. Les tuyaux fixés dans les rebords se prolongent dans une direction quelconque, soit de bas en haut, où ils vont assainir les chambres inférieures, soit vers le plafond de la chambre même où est le foyer ou toute autre chambre supérieure.

Il est nécessaire, dans tous les cas, de diriger de bas en haut la première pièce du tuyau, afin d'empêcher les étincelles des petits charbons allumés de descendre dans les chambres inférieures lorsque le tuyau total est dirigé de haut en bas. L'expérience a démontré que la pente était assez forte pour prévenir les accidents, en élevant la partie inférieure du tuyau à la hauteur du bord supérieur des rebords qui le reçoivent. Le peu d'élégance de cette cheminée est sans doute un grand obstacle à ce qu'elle soit adoptée; il nous paraît cependant facile de remédier à ce défaut.

Cheminée ouverte à foyer mobile, à ventilateur et courant d'air, propre à brûler toute espèce de charbon de terre ou de coke en évitant la fumée, de M. P. VERNUS.

Figure 42, A B C D. Cheminée vue de face.

E, grille ou foyer mobile pouvant avancer sur le devant de la cheminée, de 10 centimètres, sans rien déranger au reste de l'appareil, par le moyen des galets *o o*, figure 43, dont deux sont placés de chaque côté de ce foyer et agissent à volonté sur la coulisse *p*, de manière à ce que l'ouverture du tuyau de la cheminée pour l'absorption de la fumée, soit toujours la même (de 10 sur 36 centimètres de large) ; cette grille s'arrête d'elle-même contre la plaque *q*, qui sert de contre-cœur au foyer par l'arrêt *w*.

r r, *s s*, plaques de fer écrouies en *t*, pour former une double enveloppe à l'extérieur de l'appareil, servant à chauffer l'air froid, qu'on répand dans l'appartement, à volonté, par les deux lunettes en bouches de chaleur F F'.

Il existe au fond du foyer, en H, une porte de 10 centimètres de hauteur sur 16 centimètres de largeur, laquelle s'ouvre en dedans de ce foyer pour nettoyer les ordures et la suie qui proviennent de la combustion, et les empêcher à la longue d'obstruer le passage de la fumée.

Les petites flèches indiquent le passage de la fumée.

h, clef ou registre pour modérer le tirage de la cheminée.

Désignation des figures.

Fig. 42, vue du devant du foyer de la cheminée toute montée.

Fig. 43, profil de la cheminée de côté, coupée perpendiculairement sur son milieu, pour expliquer sa construction, sa double enveloppe, son récipient de chaleur et son tuyau de combustion pour le passage de la fumée.

Pour faire nettoyer la cheminée, on retire l'appareil pour livrer passage au ramoneur. Il se trouve, sous le foyer mobile, derrière le cendrier en *w*, qu'on a cru inutile de dessiner dans les figures, afin de ne pas les compliquer, une ouverture libre de 34 centimètres de longueur sur 3 centimètres de hauteur, pour donner passage à l'air froid de l'appartement, afin de chauffer cet air froid qui se répand ensuite, suivant le besoin, par les bouches de chaleur F, F.

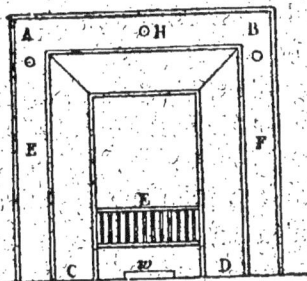
Fig. 42.

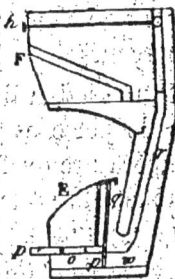
Fig. 43.

Cet air froid a l'avantage d'accélérer la combustion sur la grille et, en même temps, de chauffer l'appartement; on évite par ce moyen que la cheminée refoule la fumée à l'intérieur lorsqu'elle n'a pas un bon tirage, ce qui arrive assez fréquemment dans beaucoup de cheminées dont la construction n'a pas été suffisamment bien soignée.

Cheminée-calorifère de M. P. DESCROIZILLES.

Avant de donner la description de cet appareil, nous allons exposer les principales conditions qu'il remplit et qui établissent les principes constituant l'invention :

1º Le combustible est graduellement échauffé et presque poussé jusqu'à sa réduction en coke ou carbone avant d'occuper la place où il doit être consumé.

2° Les gaz, se développant sous la présence de l'air, ne peuvent passer dans la cheminée sans avoir traversé un brasier ardent, sans s'y enflammer par conséquent, et se brûler complètement, étant toujours accompagnés d'une quantité d'air suffisante indépendamment de celui qu'ils peuvent rencontrer pendant leur parcours dans le foyer.

3° Introduction du combustible dans le foyer sans ouvrir de porte et par conséquent sans abaissement de température du foyer, comme cela a lieu lorsque le combustible est lancé à la pelle sur la grille.

4° La houille, lorsqu'on emploie ce combustible, ne pouvant s'enflammer que lorsqu'elle est presque à l'état de coke et à une température déjà très élevée, ne se soude pas, quelque grasse qu'elle soit, et est toujours dans un état de division qui permet un facile accès à l'air, tout en opérant sur une couche plus épaisse que d'ordinaire; ce qui permet d'obtenir et de conserver un foyer à une température bien plus élevée que de coutume, c'est-à-dire constamment au rouge-blanc.

5° Possibilité de brûler petite ou grande quantité de combustible, avec une même activité, dans le même foyer, dont on peut, à son gré, diminuer la surface sur laquelle s'opère la combustion.

6° Foyer à flamme toujours blanche et propre à la fois à l'éclairage et au chauffage et par le même feu.

Fig. 44. *a*, trémie pour l'introduction du combustible.

Fig. 44 et 45. *e, e, e,* grille verticale en forme de porte à deux battants, servant à soutenir le combustible et à l'introduction de l'air.

b, b, b, voûte en briques réfractaires passant au-dessus de la grille horizontale et en contre-bas de la partie supérieure de la grille verticale *e, e, e,* supportant d'un côté la trémie, d'autre côté les bouilleurs et n'occupant, du reste, que le quart environ

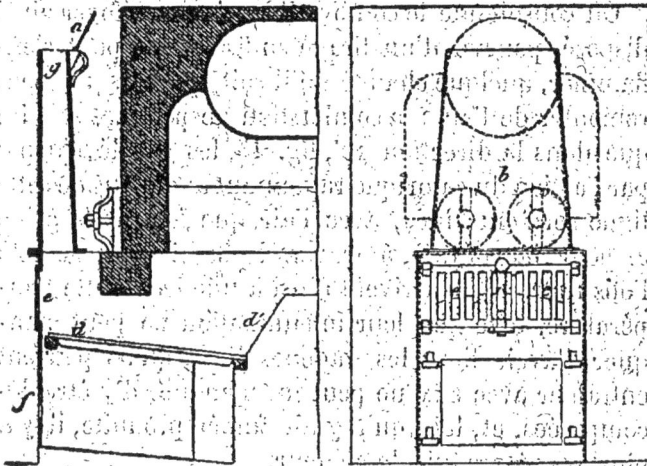

Fig. 44.   Fig. 45.

du foyer, afin de soustraire le moins possible de métal à l'action du calorique rayonnant.

Pour allumer ce foyer, on ouvre la grille *e,* et l'on recouvre de combustible, à la pelle, toute la grille horizontale *d, d* jusqu'à la hauteur du centre inférieur de la voûte *b* ; on place du menu bois sur le devant, sous la trémie, on allume, on ferme la grille *e,* on remplit le foyer et la trémie, le feu s'étend de l'avant à l'arrière, et, quand le tout est bien em-

brasé, on passe un ringard à travers la grille verticale dont l'écartement est fait en conséquence, on
glisse cet instrument sur la grille horizontale et l'on
pousse à l'arrière le combustible enflammé du devant,
qui est remplacé par celui qui tombe naturellement
de la trémie : le plus ou le moins d'alimentation dépend du degré d'activité qu'on met à opérer ces dé-
placements, qui ont, en outre, pour but de rompre
les masses et faciliter l'accès de l'air.

On conçoit que le combustible, dans un foyer ainsi
disposé, pourvu d'un tirage suffisant, ne peut s'enflammer, quelque chauffé qu'il soit, que lorsqu'il peut
remonter de l'air : la combustion ne pouvant se faire
que dans la direction $e\,e'$, fig. 45, les gaz développés
par l'action du calorique rayonnant au-dessus de cette
ligne sont entraînés, avec l'air que fournit la grille
e, pour la voûte b, à travers le brasier qui semble
l'obstruer, et ils arrivent ainsi à une très haute température, telle que leur inflammation ne peut manquer d'avoir lieu; les vapeurs d'eau qu'ils peuvent
entraîner avec eux ne peuvent manquer d'y être dé-
composées, et, loin qu'il y ait fumée produite, il y a
plus grand produit de chaleur.

Lorsqu'on veut cesser le feu, on laisse la trémie
se vider, mais on a soin de fermer son couvercle g,
et, quand la couche de combustible découvre la
grille e, on la couvre par la porte pleine o, en
sorte que l'air extérieur ne peut plus entrer que par
la grille horizontale; enfin, si l'on veut conserver du
feu, on ferme la porte du cendrier f, on abaisse le
registre, mais sans le fermer complètement, afin de
ne pas étouffer le feu, et le lendemain tout est encore
prêt pour recommencer une nouvelle chauffe.

§ 5. CHEMINÉES POÊLES.

Ces appareils appartiennent à la fois aux cheminées, en ce qu'ils laissent voir le feu, et chauffent les pièces par rayonnement, et aux poêles que nous décrirons plus loin, parce qu'ils sont construits dans une enveloppe de métal, et échauffent ainsi l'air par les parois de leur foyer.

Cheminées à la prussienne.

Le plus simple des modèles de ce genre, désigné ordinairement sous le nom de cheminée à la prussienne, se compose d'une caisse en fonte et tôle, ou tôle et briques, semblable en tous points à une cheminée à la Rumford, dont la partie antérieure se ferme par une trappe. Ces appareils se placent ordinairement devant une cheminée que l'on a préalablement bouchée, et la fumée y est conduite par un petit tuyau court monté sur la face postérieure de l'appareil, et débouchant dans le conduit, ou par un tuyau plus long, s'élevant jusqu'au plafond. Il est évident que ce dernier mode donne des résultats préférables au point de vue de l'effet produit.

Ces cheminées présentent les mêmes conditions et avantages que les cheminées ordinaires pratiquées dans les murs, tout en donnant plus de chaleur. Seulement, elles mangent plus de place dans le local.

Les fig. 46 et 47, montrent, vu de face, et en coupe de profil, un appareil qui peut être regardé comme un type de ce genre; il est disposé pour brûler du charbon de terre. La face M N O P est en fonte et agrémentée de sculptures, les trois autres sont en tôle.

La grille ab, en forme de corbeille, avance sur la face, elle s'appuie en arrière sur une plaque courbe en fonte ed, qui, à l'aide de deux autres plaques edm et de la grille, forme le foyer. Ce foyer a une large ouverture mh, sur laquelle est ajusté le cylindre A, muni d'un tuyau de fumée O X T. L'intervalle entre

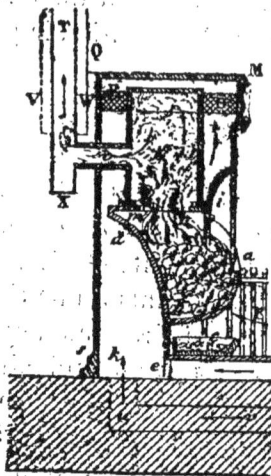 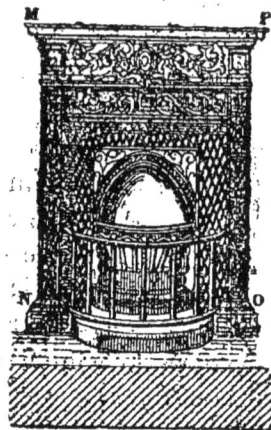

Fig. 46.   Fig. 47.

le cylindre A et l'enveloppe extérieure forme un réservoir pour échauffer l'air qui sort par les bouches D E. Cet air peut être pris directement dans la pièce, ou au dehors par une ventouse uv.

Une toile métallique ai ferme le devant de la grille.

Un second tuyau V W, enveloppant le premier, peut servir à la ventilation.

A côté de ce type général, il y a quelques modèles particuliers, nous décrirons les plus importants.

Cheminée de DÉSARNOD.

Les cheminées de Désarnod (fig. 48 à 50), connues sous le nom de *foyers économiques et salubres*, sont construites en fonte et établies sur les principes du chauffoir de Pensylvanie de Franklin ; elles n'en diffèrent qu'en ceci : il y a, dans le foyer de Désarnod, en outre du réservoir vertical à air, un second réservoir horizontal, placé sous l'âtre et destiné à augmenter la quantité d'air chaud répandu dans l'appartement; de plus, quelques perfectionnements sont apportés dans la disposition et la construction des différentes pièces qui composent l'appareil, et au moyen desquels on peut le monter et le démonter avec beaucoup de facilité, pour le transporter d'un lieu dans un autre par pièces détachées.

Le réservoir à air horizontal forme la base de la cheminée ; il est placé dans une boîte comprise entre les plaques A B et C D. La première est posée sur des tasseaux en briques qui permettent à l'air extérieur d'arriver par un conduit établi sous le plancher, et de circuler librement sous la cheminée. Cet air passe ensuite par des ouvertures O O, pratiquées dans une plaque située entre celle A B et C D, et suit plusieurs sinuosités $k l$, $l k$, formées par des séparations verticales et parallèles, au moyen de lames en fonte ; après ce trajet, il s'introduit entre deux plaques, $x x$, formant un réservoir vertical placé dans l'intérieur de ces cheminées, d'où il s'échappe chaud par deux ouvertures pratiquées latéralement et correspondant avec le réservoir $x x$, pour se répartir dans plusieurs cylindres verticaux $y y y$, établis à l'extérieur sur deux

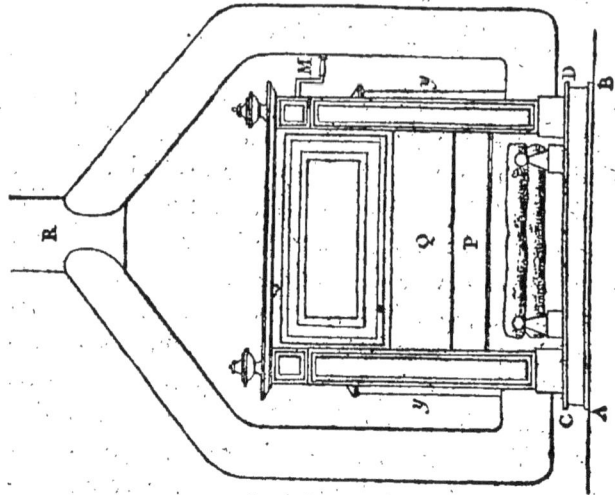

Fig. 50.

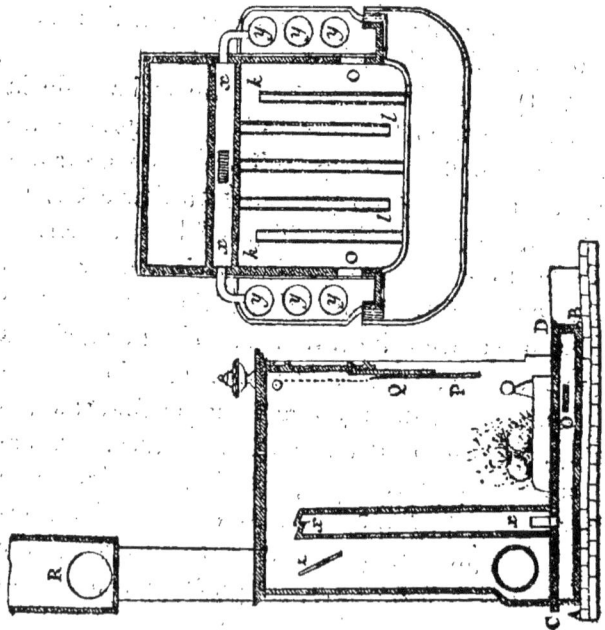

Fig. 49.

Fig. 48.

des côtés, et desquels il sort pour se répandre dans l'appartement par des bouches de chaleur garnies d'un couvercle à charnière qu'on peut ouvrir ou fermer à volonté.

Pour régler l'accès de l'air et en diriger à volonté un courant plus ou moins rapide, sur la combustion, comme on le ferait avec un soufflet, deux plaques P et Q, mobiles et glissant dans des rainures, sont placées sur le devant de l'appareil et sont haussées ou baissées au moyen d'une manivelle M, fixée à l'axe d'un cylindre ; sur ce cylindre s'enroule une chaîne qui suspend les plaques mobiles, lesquelles sont arrêtées à la hauteur voulue par une roue à rochet.

La fumée, comme dans le chauffoir de Franklin, s'élève jusqu'à la plaque supérieure de l'appareil, passe derrière le réservoir vertical xx et descend jusqu'à la base ; là elle trouve, à droite et à gauche, deux ouvertures par lesquelles elle s'échappe en passant par deux tuyaux qui se réunissent en R, pour arriver dans celui de la cheminée en maçonnerie.

Un registre z, placé entre le fond et le réservoir xx, et dirigé par un régulateur, règle l'ouverture du passage de la fumée, modère aussi l'activité de la combustion, tout en laissant voir le feu, et sert, conjointement avec les plaques à coulisse, à intercepter toute communication entre l'air de la chambre et le dehors par le canal de la cheminée, soit pour conserver la chaleur, soit pour arrêter les progrès d'un incendie.

Des saillies réservées dans l'intérieur des plaques latérales de la cheminée permettent d'y placer une grille, de sorte qu'on peut y brûler de la houille ou du bois.

Mais cette construction a un inconvénient : les parois latérales doivent être remplacées au bout de quelques années, parce qu'elles se trouvent constamment en contact avec le feu, qui élève la fonte à une haute température, et leur épaisseur n'est pas assez forte pour résister à une action qui se renouvelle chaque jour. Pour éviter cet inconvénient et faire disparaître les cylindres qui compliquent et qui embarrassent les abords de l'appareil, on les a supprimés et remplacés par une double enveloppe, en laissant un espace de quelques centimètres entre elle et les parois et dans lequel l'air amené de l'extérieur circule pour se répandre ensuite dans la chambre au moyen d'ouvertures latérales formant bouches de chaleur. Il résulte de cette disposition un avantage, qui est de prolonger la durée des appareils ; les plaques, par l'effet de la circulation de l'air pris extérieurement et qui les frappe constamment, sont maintenues à une température moins élevée et telle qu'elle ne peut pas altérer la fonte, comme cela avait lieu avant cette modification.

Les cheminées de Désarnod peuvent se placer dans l'intérieur des cheminées ordinaires ; mais pour utiliser une plus grande quantité de la chaleur des combustibles, elles doivent être en entier dans l'intérieur des chambres : si on les éloignait assez du corps de la cheminée ordinaire, en y adaptant une longueur de tuyaux assez grande pour que la fumée en sortît constamment au-dessous de 100°, la chaleur utilisée équivaudrait à peu près aux neuf dixièmes de celle développée par la combustion.

Dans leur état ordinaire, d'après les expériences comparatives qui ont été faites pour 100 kilogram-

mes de combustible brûlés dans une cheminée ordinaire, on n'en a brûlé que 33 kilogrammes pour obtenir la même température : ainsi, la cheminée de
Désarnod économise les deux tiers du combustible.

Cheminée-poêle à houille.

La figure 51 qui montre cet appareil en coupe
suffit presque pour en faire comprendre le fonctionnement. Dans le coffre métallique formant la cheminée
proprement dite, est disposée une sorte de cloche en

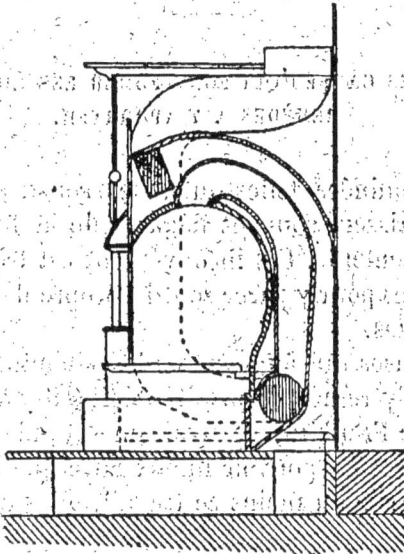

Fig. 51.

fonte ouverte par-devant où se place le combustible;
l'air extérieur arrive sous le foyer; soit qu'on le
prenne dans la pièce, ou, ce qui vaut toujours mieux,
au dehors par un conduit auxiliaire; il suit une sur-

face qui le rapproche des tuyaux de dégagement de l'air brûlé et sort par des bouches de chaleur établies sur les parois verticales de la caisse, sous la tablette.

Ce mode de construction peut être varié à l'infini. On doit faire rentrer dans cette catégorie des appareils dus à la maison Mousseron.

CHAPITRE IV.

Fonctionnement des cheminées.

———

§ 1.   DES CAUSES QUI FONT FUMER LES CHEMINÉES. REMÈDES A Y APPORTER.

Les cheminées telles qu'on les construit ordinairement, laissent souvent dégager de la fumée dans les appartements. Cet inconvénient est très grave, et les remèdes pour y parer sont le propre de l'industrie des fumistes.

Les causes qui font fumer les cheminées, et les moyens d'y remédier ont été décrits il y a fort longtemps par Franklin, et avec une grande précision; nous ne croyons pouvoir mieux faire que de citer en grande partie au moins ce travail, en y ajoutant les résultats de nouvelles recherches postérieures.

Franklin porte au nombre de neuf les causes qui occasionnent la fumée des cheminées; elles diffèrent les unes des autres, et demandent par conséquent des remèdes différents.

« 1° *Les cheminées ne fument souvent, dans une maison neuve, que par un simple défaut d'air. La* structure des chambres étant bien achevée, et sortant des mains de l'ouvrier, les jointures du parquet, de toutes les boiseries et des lambris sont très justes et serrées, et d'autant plus peut-être que les murs, n'étant pas entièrement desséchés, fournissent de l'humidité à l'air de la chambre, ce qui tient les boiseries gonflées et bien closes ; les portes et les châssis des fenêtres étant travaillés avec soin, et fermés avec exactitude, font que la chambre est aussi close qu'une boîte, et qu'il ne reste aucun passage à l'air pour entrer, excepté le trou de la serrure, qui, quelquefois même, est recouvert et comme fermé.

« Maintenant, si la fumée ne peut s'élever qu'en se combinant avec l'air raréfié, et si une colonne pareille d'air qu'on suppose remplir le tuyau de la cheminée, ne peut monter, à moins que d'autre air ne vienne reprendre sa place, et si, par conséquent, un courant d'air ne peut point entrer dans l'ouverture de la cheminée, rien n'empêche la fumée de se répandre dans la chambre. Si l'on observe l'ascension de l'air dans une cheminée qui en est bien fournie, par l'élévation de la fumée, ou par une plume qu'on ferait monter avec la fumée ; et si l'on considère que, dans le même temps qu'une pareille plume s'élève depuis le foyer jusqu'à l'extrémité de la cheminée, une colonne d'air égale à celle qui est contenue dans le tuyau doit s'échapper par la cheminée, et qu'une égale quantité d'air doit lui être fournie d'en bas par la chambre, il paraîtra absolument impossible que cette opération ait lieu si une chambre bien close reste fermée ; car s'il existait une force capable de tirer constamment autant d'air de cette chambre, elle serait bientôt épuisée, de même que la cloche

d'une pompe pneumatique; et aucun animal ne
pourrait y vivre.

« Ceux, par conséquent, qui bouchent toutes les
fentes dans une chambre pour empêcher l'admission
de l'air extérieur, et qui désirent cependant que
leurs cheminées portent en haut la fumée, demandent des choses contradictoires et en attendent l'impossible. C'est cependant dans cette position que j'ai
vu le possesseur d'une maison neuve, désespéré, et
prêt à la vendre à un prix bien au-dessous de sa valeur, la regardant comme inhabitable, parce qu'aucune
cheminée de ses chambres ne transmettait la fumée
au dehors, à moins qu'on ne laissât la porte ou la
croisée ouverte.

« *Remède.* — Quand vous trouverez, par l'expérience, que l'ouverture de la porte ou d'une fenêtre
rend la cheminée propre à faire monter la fumée,
soyez sûr que le défaut d'air extérieur était la cause
qu'elle fumait; je dis *l'air extérieur*, pour vous tenir
en garde contre l'erreur de ceux qui vous disent que
la chambre est vaste, qu'elle contient une quantité
d'air suffisante pour en fournir à une cheminée, et
qu'il n'est pas possible, conséquemment, que la cheminée manque d'air. Ceux qui raisonnent ainsi igno-
rent que la grandeur de la chambre, si elle est bien
close, est, dans ce cas là, peu importante, puisqu'il
n'est pas possible que cette chambre puisse perdre
une masse d'air égale à celle que la cheminée contient, sans y occasionner autant de vide; ce qui de-
manderait une grande force pour le produire; d'ailleurs, on ne peut pas vivre dans une chambre où un
tel vide existerait par une perte continuelle de tant
d'air.

« Comme il est donc évident qu'une certaine portion d'air extérieur doit être introduite, la question
se réduit à connaître la quantité qui est absolument
nécessaire; car on doit éviter d'en admettre plus
qu'il n'en faut, comme étant contraire à l'intention
qu'on se propose en faisant du feu, c'est-à-dire
d'échauffer la chambre. Pour découvrir cette quantité,
fermez la porte par degrés, pendant qu'on entretient
un feu modéré, jusqu'à ce que vous aperceviez, avant
qu'elle soit entièrement fermée, que la fumée commence à se répandre dans la chambre ; ouvrez alors
un peu, jusqu'à ce que vous remarquiez que la fumée ne se répand plus ; tenez ainsi la porte, et ob-
servez l'étendue de l'intervalle ouvert entre le bord
de la porte et le jambage ; supposons que la distance
soit de 14 millimètres, et que la porte ait 2 mètres
60 centimètres de hauteur, vous trouverez alors que
votre chambre demande un supplément d'air égal à
3 décimètres 51 centimètres carrés, ou à un passage
de 21 centimètres de long sur 16 centimètres de
large. La supposition est un peu forte, parce qu'il y
a peu de cheminées qui, ayant une ouverture mo-
dérée et une certaine hauteur de tuyau, demande-
raient plus de la moitié de l'ouverture supposée :
effectivement, j'ai observé qu'un carré de 16 centimètres, ou de 2 décimètres 62 centimètres carrés, est
un milieu assez juste qui peut servir pour la plupart
des cheminées.

Les tuyaux longs ou fort élevés, qui ont des ouvertures petites et basses, peuvent, à la vérité, être fournis
suffisamment d'air à travers une ouverture moins
grande, parce que, pour des raisons que j'exposerai
ci-après, la force de légèreté, si l'on peut parler ainsi,

étant plus grande dans de pareils tuyaux, l'air froid entre dans la chambre avec une plus grande vitesse, et par conséquent, il en entre plus dans le même temps. Cela a cependant ses limites ; car l'expérience montre qu'aucun accroissement de vitesse ainsi occasionné ne peut rendre l'introduction de l'air, à travers le trou de la serrure, égale en quantité à celle que produit une porte ouverte, quoique le courant d'air qui entre par la porte soit lent, et au contraire très rapide à travers le trou de la serrure.

« Il reste maintenant à considérer comment et quand cette quantité d'air extérieur doit être introduite, de manière à produire le moins d'inconvénients ; car si on laisse entrer l'air par la porte ouverte, il se porte de là directement vers la cheminée, et on éprouve le froid au dos et aux talons, tant qu'on reste assis devant le feu. Si vous tenez la porte fermée, et que vous ouvriez un peu votre fenêtre, vous éprouverez le même inconvénient. On a imaginé diverses inventions pour remédier à cet inconvénient : par exemple, on a introduit l'air extérieur à travers dés canaux conduits dans les jambages de la cheminée. L'orifice de ces canaux étant dirigé en haut, on s'est imaginé que l'air emmené par ces tuyaux étant dirigé vers le haut, doit forcer la fumée à monter dans le tuyau de la cheminée. On a aussi pratiqué des passages pour l'air dans la partie supérieure du tuyau de la cheminée pour y introduire l'air dans le même but ; mais ces moyens produisent un effet contraire à celui qu'on s'est proposé ; car, comme c'est le courant constant d'air qui passe de la chambre à travers l'ouverture de la cheminée, dans son tuyau, qui empêche la fumée de se répandre dans la chambre, si vous fournissez au tuyau, par d'autres moyens ou d'une autre manière, l'air dont il a besoin, et surtout si cet air est froid, vous diminuez la force de ce courant, et la fumée, en faisant effort pour entrer dans la chambre, trouve moins de résistance.

« L'air qui manque doit donc être introduit dans la chambre même, pour prendre la place de celui qui s'échappe par l'ouverture de la cheminée. Ganger, auteur très ingénieux et très intelligent, qui a écrit sur cet objet, propose, avec discernement, de l'introduire au-dessus de l'ouverture de la cheminée; et, pour prévenir l'inconvénient du froid, il conseille de le faire parvenir dans la chambre à travers les cavités tournantes pratiquées derrière la plaque de fer qui fait le dos de la cheminée et les côtés du foyer, et même sous l'âtre; il s'échauffera en passant sous ces cavités, et, étant introduit dans cet état, il échauffera la chambre au lieu de la refroidir. Cette invention est excellente en elle-même, et peut être employée avec avantage dans la construction des maisons neuves, parce que ces cheminées peuvent être disposées de manière à faire entrer convenablement l'air froid dans de pareils passages; mais, dans les maisons qu'on a bâties sans se proposer de telles vues, les cheminées sont souvent situées de manière qu'on ne pourrait leur procurer cette commodité sans y faire des changements considérables et dispendieux : les méthodes aisées et peu coûteuses, quoique moins parfaites en elles-mêmes, sont d'une utilité plus générale; telles sont les suivantes :

« Dans les chambres où il y a du feu, la portion d'air qui est raréfié devant la cheminée change continuellement de lieu, et fait place à d'autre air qui doit être échauffé à son tour ; une partie entre et monte par la cheminée, le reste s'élève et va se placer près du plafond. Si la chambre est élevée, cet air chaud reste au-dessus de nos têtes, et il nous est peu utile, parce qu'il ne descend pas avant qu'il ne soit considérablement refroidi.

« Peu de personnes pourraient s'imaginer la grande différence de température qu'il y a entre les parties supérieures et inférieures d'une pareille chambre, à moins de l'avoir éprouvée par le thermomètre, ou d'être montées sur une échelle jusqu'à ce que la tête soit près du plafond. C'est donc dans cet air chaud que la quantité d'air extérieur qui manque doit être introduite, parce que, en s'y mêlant, la froideur est diminuée, et l'inconvénient qui résulte de cette quantité devient à peine sensible.

« 2° Une seconde cause qui fait fumer les cheminées est *leur trop grande embouchure dans les chambres* ; cette embouchure peut être trop large, trop haute, ou toutes les deux ensemble. Les architectes, en général, n'ont pas d'autres idées des proportions de l'embouchure d'une cheminée, que celle qui se rapporte à la symétrie et à la beauté, relativement aux dimensions de la chambre, pendant que les vraies proportions, relativement à ses fonctions et à son utilité, dépendent de principes tout-à-fait différents ; et cette proportion des architectes n'est pas plus raisonnable que ne le serait la dimension des degrés ou des marches d'un escalier, prise selon la hauteur d'un appartement, plutôt que l'élévation naturelle des jambes d'un homme qui marche ou qui monte. La vraie dimension donc de l'ouverture d'une cheminée doit être en rapport avec la hauteur du tuyau ; et, comme les tuyaux,

dans différents étages d'une maison, sont nécessairement de diverses hauteurs ou longueurs, celui de
l'étage d'en bas est le plus haut et le plus long, et
ceux des autres étages sont en proportion plus courts,
de façon que celui du grenier se trouve le moindre de
tous. Comme la force d'attraction est en raison de la
hauteur du tuyau rempli d'air raréfié, et comme le
courant d'air qui entre de la chambre dans la cheminée doit être assez considérable pour remplir constamment l'embouchure, afin de pouvoir s'opposer au
retour de la fumée dans la chambre, il s'ensuit que
l'embouchure des tuyaux les plus longs peut être plus
étendue, et que celle des tuyaux plus courts doit être
aussi plus petite; car si une cheminée qui ne tire pas
fortement a une ouverture large, il peut arriver que
le tuyau reçoive l'air qui lui est nécessaire par un
des côtés de cette embouchure, qui admet un courant
particulier d'air, pendant que l'autre côté de l'embouchure, étant dépourvu d'un courant semblable, peut
permettre à la fumée de se répandre dans la chambre.

« Une grande partie de la force d'attraction dans le
tuyau dépend aussi du degré de raréfaction de l'air
qu'il contient, et cette raréfaction dépend elle-même
de ce que le courant d'air prend son passage à son
entrée dans le tuyau le plus près du feu. Si ce courant, à son entrée, est éloigné du feu, c'est-à-dire
s'il entre des deux côtés de l'embouchure lorsqu'elle
est fort large, ou s'il passe au-dessus du feu lorsque
l'ouverture de la cheminée est fort haute, il s'échauffe
peu dans son passage, et par conséquent l'air contenu dans le tuyau ne peut différer que peu en raréfaction de l'air atmosphérique qui l'environne, et sa

force d'attraction, c'est-à-dire la force avec laquelle il
entraîne la fumée, est par conséquent d'autant plus
faible, de là vient que, si l'on donne une embouchure
trop grande aux cheminées des chambres des étages
supérieurs, ces cheminées fument; d'un autre côté,
si on donne une petite embouchure aux cheminées des
étages inférieurs, l'air qui entre agit trop directement
et trop violemment, et en augmentant ensuite l'attraction et le courant qui montent dans le tuyau, la matière combustible se consume trop rapidement.

« *Remède* (1). — Comme différentes circonstances se
combinent souvent avec ces objets, il est difficile d'as-
signer les dimensions précises des embouchures de
toutes les cheminées. Nos ancêtres, en général, les
faisaient beaucoup trop grandes ; nous les avons di-
minuées, mais elles sont souvent encore d'une plus
grande dimension qu'elles ne devraient l'être ; car
l'homme se refuse facilement à des changements trop
grands et trop brusques.

« Si vous soupçonnez que votre cheminée fume par la
trop grande dimension de son ouverture, resserrez-la
en y plaçant des planches mobiles, de manière à la
rendre par degrés plus basse et plus étroite, jusqu'à

---

(1) Le prolongement vers le bas du soubassement, par une planche de plâtre soutenue par une tringle en fer, empêche souvent une
cheminée de fumer, parce qu'on met un obstacle à l'entrée, dans la
cheminée, d'une trop grande quantité d'air qui ne sert pas à la combustion, et qui refroidissait le courant ascendant de manière à diminuer la force du tirage. Le rétrécissement dans le sens horizontal, d'a-
près le tracé de Rumford, par la même raison, est souvent un moyen
efficace.

Par le surbaissement du soubassement, il en résulte une moindre
disposition à fumer, mais, par compensation, on a moins de chaleur
dans l'appartement.

ce que vous remarquiez que la fumée ne se répand plus dans la chambre. La proportion qu'on trouvera ainsi, sera celle qui est convenable pour la cheminée, et vous pourrez ainsi la faire rétrécir par le maçon; cependant, comme en bâtissant les maisons neuves on doit hasarder quelques tentatives, je ferais faire des embouchures, dans les chambres d'en bas, d'environ 2 décimètres carrés, et de 48 centimètres de profondeur, et celles dans les cheminées d'en haut seulement de 1 décimètre carré, et d'un peu moins de profondeur; je diminuerais l'ouverture des cheminées intermédiaires, en proportion de la diminution de la longueur des tuyaux.

« Il faut que toutes les cheminées aient à peu près la même profondeur, leurs tuyaux devant presque toujours être d'un volume propre à laisser entrer un ramoneur (1).

« Si dans les chambres grandes et élégantes, la coutume ou l'imagination demande l'apparence d'une cheminée plus grande, on pourrait lui donner cette grandeur apparente par des décorations extérieures en marbre, etc.

« 3° Une troisième cause qui fait fumer les cheminées, est un *tuyau trop court.* Cela arrive nécessairement dans quelques cas, comme quand on construit une cheminée dans un édifice peu élevé; car, si on élève le tuyau beaucoup au-dessus du toit, pour que la cheminée tire bien, il est alors en danger d'être renversé par le vent, et d'écraser le toit par sa chute.

(1) Cela n'est plus indispensable dans un grand nombre de villes, où l'on construit des tuyaux de cheminées beaucoup plus petits que ceux que prescrivent les anciens règlements, on les ramone à l'aide d'un fagot (*Voyez* Chapitre VI).

« *Remède* (1). — Resserrez l'embouchure de la cheminée, de manière à forcer tout l'air qui entre à passer à travers ou tout près du feu ; par là, il sera plus échauffé et raréfié ; le tuyau lui-même sera échauffé, et l'air qu'il contiendra aura plus de ce qu'on appelle *force de légèreté*, c'est-à-dire que l'air y montera avec force, et maintiendra une forte attraction à l'embouchure.

« Le cas d'un tuyau trop court est plus général qu'on ne se l'imaginerait, et souvent il existe où l'on ne devrait pas s'y attendre ; car il n'est point extraordinaire, dans des édifices mal bâtis, qu'au lieu d'avoir un tuyau pour chaque chambre ou foyer, on plie et l'on incline le tuyau de la cheminée d'une chambre d'en haut, de manière à le faire entrer par le côté dans un tuyau qui vient d'en bas. Par ce moyen, le tuyau de la chambre d'en haut est moins long dans son cours, puisque l'on ne doit compter sa longueur que jusqu'à sa terminaison dans le tuyau qui vient d'une chambre d'en bas. Le tuyau qui vient d'en bas doit aussi être considéré comme étant abrégé de toute la distance qui est entre l'entrée du second tuyau à l'extrémité des deux réunis ; car toute la

---

(1) Dans un tuyau trop court, le tirage n'a pas assez de force pour vaincre la plus petite cause du refoulement de la fumée ; le même inconvénient aurait lieu si le tuyau était assez long pour trop refroidir la température de la fumée ; le remède serait de prolonger le tuyau en maçonnerie, et si cela n'est pas possible, de l'allonger au moyen d'un tuyau de tôle ; enfin, dans le cas où cela serait insuffisant, on augmentera le tirage en calculant exactement l'ouverture à donner au tuyau de la cheminée, pour livrer passage à l'air nécessaire à la combustion, ainsi que nous l'avons indiqué, et on ajouterait encore à ce moyen en établissant sur le haut du tuyau un des appareils fumifuges décrits plus loin § 3.

partie du second tuyau qui est déjà fournie d'air,
n'ajoute point de force à l'attraction, surtout quand
cet air est froid, parce qu'on n'a point fait de feu
dans la seconde cheminée. Le seul remède aisé est
de tenir alors fermée l'ouverture du tuyau dans lequel il n'y a point de feu. (Voyez ce qui a été dit à
propos des *Trappes à bascule*.)

« 4° Une quatrième cause, très ordinaire, qui fait
fumer les cheminées, est *qu'elles se contrebalancent
les unes les autres* (1), ou plutôt qu'une cheminée a une
supériorité de force par rapport à une autre, construite soit dans la même pièce, soit dans une pièce
voisine; par exemple, s'il y a deux cheminées dans
une grande chambre, et que vous fassiez du feu dans
les deux, les portes et les fenêtres étant bien fermées,
vous trouverez que le feu le plus considérable et le
plus fort vaincra le plus faible et attirera l'air
dans son tuyau pour fournir à son propre besoin; et
cet air, en descendant dans le tuyau du feu le plus

(1) Lorsque l'une des deux cheminées manque d'air, pour fournir à
son tirage, il faut y pourvoir par les moyens que nous avons indiqués
en parlant du tirage en général, en donnant à chacune séparément
l'air qui lui est nécessaire. Les ventouses établies dans les tuyaux de
cheminées n'obvient pas toujours à cet inconvénient, parce que l'air,
trouvant plus de facilité à passer dans l'ouverture du tuyau de la
cheminée voisine que par le canal de la ventouse, continue à suivre
ce chemin. Il faudrait donc faire des ventouses aussi grandes qu'un
tuyau de cheminée, ce qui serait possible; cependant, si l'on rédui-
sait celui-ci à la largeur qui lui est strictement nécessaire, on éviterait alors le contre-balancement. Souvent on l'évite encore en *mariant*
les cheminées au-dessus du toit, c'est-à-dire qu'on établit un conduit oblique qui, du tuyau le moins élevé, va rejoindre le plus haut,
où les deux orifices se confondent en un seul; de cette manière l'air
ne peut plus descendre par l'un des conduits quand il monte par
l'autre.

faible, entraînera en bas la fumée et la forcera à se
répandre dans la chambre. Si, au lieu d'être dans
une seule chambre, les deux cheminées sont dans
deux chambres différentes, qui communiquent par
une porte, le cas est le même pendant que cette porte
est ouverte. Dans une maison bien close, j'ai vu la
cheminée d'une cuisine d'un étage inférieur, contrebalancer, quand il y avait grand feu, toutes les autres cheminées de la maison, et tirer l'air et la fumée dans les chambres aussi souvent qu'une porte
qui communiquait à l'escalier était ouverte.

« *Remède.* — Ayez soin que chaque chambre ait
les moyens de fournir elle-même, du dehors, toute
la quantité d'air que la cheminée peut demander,
de sorte qu'aucune d'elles ne soit obligée d'em-
prunter de l'air d'une autre, ni dans la nécessité
d'en envoyer.

« 5° Une cinquième cause qui fait fumer les cheminées, c'est quand le sommet de leur tuyau est
dominé par des édifices plus hauts ou par des émi-
nences, de sorte que le vent, en soufflant sur de pa-
reilles éminences, tombe, comme l'eau qui surpasse
une digue, quelquefois presque verticalement, sur
le sommet des cheminées qui se trouve dans son
passage, et refoule la fumée que leur tuyau contient.

« *Remède.* — On emploie ordinairement, dans ce
cas, *un tournant* ou *gueule de loup,* ou l'un des appareils fumifuges décrits ci-après § 3, qui recouvre
la cheminée au-dessus et aux trois côtés, et qui est
ouvert d'un côté; il tourne sur un pivot, et, étant
dirigé et gouverné par une aile, il présente toujours
le dos au vent courant. Je crois qu'un tel moyen est

en général utile, quoiqu'il ne soit pas toujours certain; car il peut y avoir des cas où il est sans effet. Il est plus certain d'élever ou allonger, si on le peut, les tuyaux de cheminées, de manière que leurs sommets soient plus hauts, ou au moins d'une hauteur égale à l'éminence qui les domine. Comme un *tournant* ou *gueule de loup* est plus aisé à pratiquer et moins coûteux, on peut l'essayer premièrement. Si j'étais obligé de bâtir dans une semblable situation, j'aimerais mieux placer les portes du côté voisin de l'éminence, et le dos de la cheminée du côté opposé; car alors la colonne d'air qui tomberait du haut de l'éminence presserait l'air d'en bas dans l'embouchure des cheminées, en entrant par des portes ou par des ventouses de ce côté, et tendrait ainsi à contrebalancer la pression qui se fait de haut en bas dans ces cheminées, dont les tuyaux seraient alors plus libres dans l'exercice de leurs fonctions.

« 6° Il y a une sixième cause qui fait fumer certaines cheminées, et qui est l'inverse de la dernière mentionnée : *c'est lorsque l'éminence qui domine le vent est placée au-delà de la cheminée.* Supposons un bâtiment dont l'un des côtés soit exposé au vent et forme une espèce de digue contre son cours; l'air, retenu par cette digue, doit exercer contre elle, de même que l'eau, une pression, et chercher à s'y frayer un passage; et trouvant le sommet de la cheminée au-dessous de celui de la digue, il se précipitera avec force dans son tuyau pour s'échapper par quelques portes ou quelques fenêtres ouvertes de l'autre côté du bâtiment; et, s'il y a du feu dans une pareille cheminée, la fumée sera repoussée en bas et remplira la chambre.

Poêlier-Fumiste.   10

« *Remède*. — Je n'en connais qu'un, qui est d'élever le tuyau plus haut que le toit et de l'étayer, s'il est nécessaire, avec des barres de fer; car une gueule de loup, dans ce cas, n'a point d'effet, parce que l'air qui est refoulé, pèse par en bas, et s'insinue dans la cheminée, dans quelque position que son ouverture se trouve placée.

« J'ai vu une ville dans laquelle plusieurs maisons étaient exposées à la fumée par cette raison, car les cuisines étaient bâties par derrière et jointes, par un passage, avec les maisons, et, les sommets des cheminées de ces cuisines étant plus bas que les sommets des maisons, tout le côté de la rue, quand le vent souffle contre leur dos, forme l'espèce de digue dont nous avons parlé; et le vent, étant ainsi arrêté, se fraie un chemin dans ces cheminées (surtout quand elles ne contiennent qu'un feu faible), pour passer à travers la maison dans la rue. Les cheminées des cuisines ainsi fermées et disposées ont un autre inconvénient : si, en été, vous ouvrez les fenêtres d'une chambre supérieure pour y renouveler l'air, un léger souffle de vent, qui passe sur la cheminée de vos cuisines, du côté de la maison, quoique pas assez fort pour refouler la fumée en bas, suffit pour l'amener vers vos fenêtres, et pour en remplir la chambre; ce qui, outre ce désagrément, dégrade les meubles.

« 7° La septième cause comprend les cheminées qui, quoique bien conditionnées, fument cependant à cause *de la situation peu convenable d'une porte.* Quand la porte et la cheminée sont du même côté de la chambre, si la porte, étant dans le coin, s'ouvre contre le mur, ce qui est ordinaire, comme étant alors, lorsqu'elle est ouverte, moins embarrassante, il s'ensuit que, lorsqu'elle est seulement ouverte en partie, un courant d'air se porte le long du mur de la cheminée, et, en outrepassant la cheminée, entraîne une partie de la fumée dans la chambre. Cela arrive encore plus certainement dans le moment où l'on ferme la porte; car alors la force du courant est augmentée et devient très incommode à ceux qui en se chauffant auprès du feu, se trouvent assis dans la direction de son cours.

« *Remèdes.* — Dans ce cas, les remèdes sautent aux yeux et sont faciles à exécuter : ou bien mettez un paravent intermédiaire appuyé d'un côté contre le mur, et qui enveloppe une grande partie du lieu où l'on se chauffe; ou, ce qui est préférable, changez les gonds de votre porte, de sorte qu'elle s'ouvre dans un autre sens; et que, quand elle est ouverte, elle dirige l'air le long de l'autre mur.

« 8° Une huitième cause est celle d'une chambre où on ne fait pas habituellement du feu, et qui se trouve quelquefois *remplie de la fumée qu'elle reçoit au sommet de son tuyau, et qui descend dans la chambre.* Quoiqu'il ait déjà été question des courants d'air qui descendent dans des tuyaux froids, il n'est pas hors de propos de répéter ici que les tuyaux de cheminées, sans feu, ont un effet différent sur l'air qui s'y trouve, suivant leur degré de froid ou de chaleur. L'atmosphère, ou l'air ouvert, change souvent de température; mais des rangées de cheminées, à couvert des vents et du soleil par la maison qui les contient, retiennent une température plus uniforme. Si, après un temps chaud, l'air intérieur devient tout-à-coup froid, les tuyaux chauds et vides commencent d'abord à tirer fortement en haut, c'est-à-dire qu'ils raréfient l'air qu'ils contiennent en l'échauffant; cet air donc monte, et un autre plus froid entre en bas pour prendre sa place; celui-ci est raréfié à son tour, il s'élève, et ce mouvement continue jusqu'à ce que le tuyau devienne plus froid, ou l'air extérieur plus chaud, ou si les deux ensemble ont lieu, alors ce mouvement cesse. D'un autre côté, si, après un temps froid, l'air extérieur s'échauffe, brusquement et devient ainsi plus léger, l'air qui est contenu dans les tuyaux froids, étant alors plus pesant, descend dans la chambre, et l'air plus chaud qui entre dans leur sommet se refroidit à son tour, devient plus pesant, et continue à descendre; et ce mouvement continue jusqu'à ce que les tuyaux soient échauffés par le passage de l'air chaud à travers eux, ou que l'air extérieur lui-même soit devenu plus froid. Quand la température de l'air et du tuyau de la cheminée est à peu près égale, la différence de chaleur dans l'air entre la nuit et le jour est suffisante pour produire ces courants; l'air commencera à monter dans les tuyaux à mesure que le froid du soir surviendra, et ce courant continuera jusqu'à peut-être neuf à dix heures du matin suivant. Lorsque ce courant commence à balancer, et à mesure que la chaleur du jour augmente, ce courant se dirige du haut en bas et continue jusque vers le soir; et alors il est de nouveau suspendu pour quelque temps; mais bientôt il commence à monter de nouveau pour toute la nuit, comme je viens de le dire. Maintenant, s'il arrive que la fumée, en sortant des tuyaux voisins, passe au-dessus des sommets des tuyaux qui tirent dans ce temps vers le bas, comme c'est souvent le cas vers midi, une telle fumée est nécessairement entraînée dans ces tuyaux et descend avec l'air dans la chambre.

« Le *remède* est de fermer parfaitement le tuyau de la cheminée par le moyen d'une trappe à bascule.

« 9° Enfin, la neuvième cause a lieu dans les cheminées qui tirent également bien, et qui donnent cependant quelquefois de la fumée dans les chambres, celle-ci *étant entraînée en bas par des vents violents qui passent sur le sommet de leurs tuyaux*, quoiqu'ils ne descendent d'aucune éminence qui domine. Ce cas est le plus fréquent, lorsque le tuyau est court et que son ouverture est détournée du vent; et il est encore plus désagréable quand cela arrive par un vent froid, parce que, quand vous avez le plus besoin de feu, vous êtes obligé de l'éteindre. Pour comprendre ce phénomène, il faut considérer que l'air léger, en s'élevant pour obtenir une libre issue par le tuyau, doit pousser devant lui et obliger l'air qui est au-dessus de s'élever : dans un temps de calme ou de peu de vent, cela est très-manifeste; car alors vous voyez que la fumée est entraînée en haut par l'air qui s'élève en colonne au-dessus de la cheminée; mais, quand un courant d'air violent, c'est-à-dire un vent fort, passe au-dessus du sommet de la cheminée, ses particules ont reçu tant de force qu'elles se tiennent dans une direction horizontale, et se suivent les unes les autres avec tant de rapidité, que l'air léger qui monte dans le tuyau n'a pas assez de force pour les obliger de quitter cette direction et de se mouvoir vers le haut, pour permettre une issue à l'air de la cheminée. Ajoutez à cela, que le courant d'air, en passant au-dessus du tuyau qu'il rencontre d'abord, ayant été comprimé par la résistance du tuyau, peut s'étendre lui-même sur l'ouverture du tuyau et aller frapper le côté intérieur opposé, d'où il est réfléchi vers le bas d'un côté à l'autre.

« *Remède.* — Dans quelques endroits, et particulièrement à Venise, où il n'y a point de rangées de cheminées, mais de simples tuyaux, la coutume est d'élargir le sommet de ce conduit, en lui donnant la forme d'un entonnoir arrondi. Quelques-uns croient que cette forme peut empêcher l'effet dont je viens de parler, parce que l'air, en soufflant au-dessus d'un des bords de cet entonnoir, peut être dirigé ou réfléchi obliquement vers le haut, et sortir ainsi par l'autre côté en raison de cette forme ; je n'en ai point fait l'expérience, mais j'ai vécu dans un pays très-sujet aux vents, où on pratique tout le contraire, les sommets des tuyaux étant rétrécis en haut de manière à former, pour l'issue de la fumée, une fente aussi longue que la largeur du tuyau, et seulement large de 10 centimètres. Cette forme semble avoir été imaginée dans la supposition que l'entrée du vent serait par là empêchée ; peut-être s'est-on imaginé que la force de l'air chaud qui s'élève, étant d'une certaine façon condensée dans une ouverture étroite, pourrait être par là augmentée de manière à vaincre la résistance du vent. Ceci n'arrivait cependant pas toujours ; car, quand le vent était au nord-est, et que son souffle était frais, la fumée était précipitée par bonds dans la chambre que j'occupais ordinairement, de manière à m'obliger de transporter le feu dans une autre ; la position de la fente de ce tuyau était, à la vérité, nord-est et sud-ouest ; si elle avait été dirigée au travers, par rapport à ce vent, son effet aurait peut-être été différent ; mais je ne puis rien assurer sur cet objet. Ce sujet mérite bien qu'on le soumette à l'expérience ; peut-être qu'un tournant ou *guéule de loup* aurait été avantageux ; mais on ne l'a point essayé. »

§ 2. ÉLÉMENTS QUI INFLUENT SUR LE TIRAGE DES CHEMINÉES.

Le tirage des cheminées, d'une façon générale est dû à la différence des pressions exercées de part et d'autre, sur la couche d'air comprise dans l'ouverture du foyer.

D'un côté, celui de l'intérieur de la pièce, cette pression qui s'exerce de l'intérieur de la pièce vers le conduit de la cheminée, est celle de l'air ambiant pris à ce niveau dans l'atmosphère ; de l'autre, cette pression qui s'exerce à son tour de l'intérieur du foyer vers la pièce, se compose de la pression extérieure qui existe au sommet du tuyau, en plus, celle due à la colonne d'air chaud compris dans les tuyaux. Celle-ci étant moindre que celle due à une colonne de même hauteur d'air froid, il en résulte que la somme de ces deux pressions est inférieure à la première, d'où par conséquent, une action motrice qui tend à pousser les gaz à travers les tuyaux pour les chasser, au sommet.

L'on voit tout de suite que cette pression motrice qui constitue le tirage, varie avec la hauteur de la cheminée. On doit encore ne pas oublier qu'elle est la même en tous les points de cette cheminée.

Dans ce qui précède, nous avons supposé implicitement que le conduit s'élevait directement du foyer au dehors. Il arrive bien rarement que ce conduit s'abaisse d'abord au-dessous de ce niveau, pour remonter ensuite présentant alors un coude. Il y a lieu, alors, avant de poser les conclusions précédentes de faire une distinction.

Si la fumée et les gaz qui l'entraînent ne subissent pas de refroidissement appréciable dans ce coude, il n'y a rien de changé; mais si, lorsqu'ils remontent au niveau du foyer leur température a baissé, il est évident qu'il y a là une perte dans l'action motrice, une diminution dans le tirage qui ne correspond plus à la hauteur réelle de la cheminée.

Ces considérations sur le tirage nous conduisent encore une fois à des conclusions souvent énoncées, au sujet de la nécessité d'une arrivée d'air suffisante dans la pièce à chauffer, car si cette condition n'est pas remplie, il y a, comme on le voit, dépression de l'air ambiant dans la pièce, et la différence entre les deux actions qui s'exercent sur la tranche de séparation avec le foyer est moindre.

Il est un certain nombre de causes dues à l'état de l'atmosphère qui influent sur le tirage. Nous allons les examiner successivement, car c'est pour y parer qu'on a inventé une foule d'appareils placés au sommet des cheminées dits *appareils fumivores ou fumifuges*, et l'examen que nous allons faire, en montrant bien quelles conditions ces appareils doivent remplir, permettra d'en mieux saisir le mérite.

Influence de la température extérieure.

Il est bien évident que plus la température extérieure est basse, et plus la différence qui existe entre la pression due à la colonne d'air chaud compris dans la cheminée, et celle due à une même colonne d'air pris à l'extérieur, est grande, par conséquent le tirage augmente dans ce cas.

Tout le monde connaît d'ailleurs ce fait sans s'en rendre compte quelquefois, et l'on dit souvent en voyant une cheminée tirer plus énergiquement que d'habitude : on voit bien à la façon dont la cheminée tire qu'il fait bien froid dehors.

Influence de la pression de l'atmosphère.

Lorsque la pression atmosphérique décroît, le tirage diminue à son tour. Cet effet est d'ailleurs facile à expliquer, car la température de l'air brûlé ne change pas, l'effet dû à cette colonne reste le même, mais la pression due à la colonne correspondante, devient moindre, d'où une perte dans l'action motrice, et par suite dans le tirage, mais cette perte est très faible et dans le cas actuel un autre effet intervient. Le poids d'air appelé diminuant, c'est la combustion qui devient moins vive. Ainsi l'on constate que sur des hautes montagnes, le charbon ne saurait brûler à l'air libre, sans le secours du soufflet, la combustion ne pouvant se maintenir.

Influence de l'état d'humidité de l'air extérieur.

La plus ou moins grande humidité de l'air agit encore, et de la même manière que la diminution de la pression. Les foyers ne trouvant pas une alimentation d'air suffisante, la combustion languit.

Ces trois effets ne sauraient être combattus par aucune disposition, il faut absolument les subir dans les cheminées.

Influence des vents.

Les vents, comme tout le monde sait, ont une très-grande influence sur le tirage des cheminées, et sont une des causes principales qui les font fumer. Pour les appareils de chauffage qui nous occupent, nous n'avons qu'à considérer l'action du vent sur l'orifice extérieur de la cheminée, le vent ne pénétrant jamais dans les appartements, pour agir sur le foyer. Il n'y a, à ce point de vue, que des courants d'air accidentels; ainsi, il arrive quelquefois que la brusque ouverture d'une porte dans la pièce détermine un courant d'air en sens inverse du tirage, le diminue momentanément, et même quelquefois produit un retour et un accès de fumée dans la pièce, mais cela est absolument accidentel, et, d'ailleurs, on peut y remédier facilement.

Les vents peuvent se produire dans diverses directions.

Supposons-les d'abord suivant une direction horizontale. Il est facile de constater qu'ils n'ont aucun effet nuisible sur le tirage.

Quand le vent est vertical dirigé de haut en bas, l'effet est des plus nuisibles. Il y a toujours diminution de tirage, l'air extérieur peut même s'introduire dans le tuyau, si sa vitesse est supérieure à celle de sortie de l'air brûlé, la température de cet air est diminuée et la cheminée fumera certainement, si même la combustion ne se trouve pas suspendue.

Si au contraire le vent était encore vertical, mais dirigé de bas en haut, il aurait évidemment pour effet d'entraîner avec lui les gaz sortant de la cheminée, et d'activer au contraire le tirage.

Le plus souvent les vents ont des directions obliques, mais l'effet qu'ils produisent peut facilement se déduire encore de ce que nous venons de voir. En effet, toute direction oblique peut être remplacée par deux autres, l'une horizontale et l'autre verticale, dont les actions réunies produiront le même effet que la précédente. Or, de ces deux actions, l'une, l'horizontale, est nulle, l'autre sera utile ou nuisible suivant qu'elle sera dirigée de bas en haut, ou de haut en bas. En un mot, quand les vents obliques sont dirigés de bas en haut, ils ne font encore qu'accélérer le tirage, mais s'ils sont dirigés de haut en bas, ce qu'on appelle les *vents plongeants*, ils nuisent au tirage, sont une cause de fumée et peuvent arrêter la combustion. C'est donc surtout pour remédier aux effets nuisibles des vents plongeants que doivent être conçus les appareils dont nous allons nous occuper.

Il faut encore énoncer quelques autres causes perturbatrices plus complexes, dépendant de circonstances locales dont il sera bon de tenir compte. Nous voulons parler de la situation des tuyaux de cheminée par rapport à des murs voisins. Il est bien évident que tel vent qui passe au-dessus d'une cheminée sans lui nuire, peut en allant frapper sur un mur voisin, être réfléchi et revenir sur cette même cheminée avec une nouvelle direction, cette fois nuisible. Ces conditions ne se rencontrent que trop fréquemment dans les grandes villes, où les maisons de hauteurs inégales sont accolées les unes sur les autres. De là, un usage fréquent qui consiste à ajouter au-dessus des coffres de tuyaux en maçonnerie, des prolongements de tuyaux de tôle, pour surélever le niveau de sortie, et le soustraire à des actions de vents réfléchis sur les murs voisins.

Bien souvent les cheminées ne doivent à aucune autre cause leur mauvaise marche, et le fumiste consulté doit toujours faire un examen judicieux des circonstances locales, pour en découvrir les vices, et ne procéder alors à une réparation qu'après s'être bien rendu compte du résultat auquel il doit tendre. Car, il ne suffit pas de placer au hasard tel ou tel appareil, le meilleur peut quelquefois devenir nuisible s'il n'a pas été appliqué convenablement, et si surtout n'ayant pas recherché la cause principale qui fait fumer, ce n'est pas à la combattre qu'on a surtout porté ses efforts.

Bien que n'appartenant pas précisément au même ordre de phénomènes, on peut encore citer parmi les causes qui nuisent au tirage, la pluie qui s'introduit dans les tuyaux de cheminée dont l'action est comparable à celle des vents plongeants.

Influence des rayons solaires.

L'expérience de tous les jours apprend que lorsque les rayons solaires pénètrent dans une cheminée, le tirage est considérablement diminué et qu'elles fument ; il devient parfois très-difficile de les allumer dans un pareil moment. Ce résultat provient probablement de courants de sens divers qui se produisent dans l'air, enveloppant la cheminée sous l'action de la chaleur solaire.

§ 3. APPAREILS DESTINÉS A EMPÊCHER L'INFLUENCE DES VENTS ET DE LA PLUIE SUR LE TIRAGE.

Mitres.

On donne généralement le nom de mitre, à une sorte de tuyau court qu'on dispose au sommet des cheminées et dont l'effet principal, par suite de leur section toujours plus petite que celle du corps de tuyau, est d'augmenter à la sortie la vitesse d'écoulement de l'air brûlé et de la fumée, et par conséquent de leur permettre un écoulement que des vents plongeants, par exemple, pourraient empêcher, s'il n'y avait pas eu cette augmentation de vitesse.

En un mot, les mitres favorisent le tirage. Elles ont encore un autre but qui explique leur emploi, et même le détermine. On a vu que souvent l'orifice de jonction entre le corps du foyer et le tuyau d'écoulement proprement dit, offre, par rapport à la section de ce dernier, une diminution de valeur. La mitre a pour résultat de rétablir, au sommet du tuyau d'écoulement, une section égale à celle de l'entrée, de façon à ce que les deux vitesses y soient égales, ce qui est une condition essentielle pour une bonne marche de l'appareil. Toutefois, le bon effet d'une mitre est soumis à cette première condition essentielle, que la cheminée possède un tirage suffisant, car autrement elle deviendrait nuisible.

Il y a des variétés considérables de mitres qui peuvent se rattacher à deux types fondamentaux : la mitre simple, ouverte à sa partie supérieure suivant une section horizontale, et la mitre à recouvrement, dans laquelle la fumée se répand sous une sorte de dôme pour s'écouler latéralement.

Poêlier-Fumiste. 11

Les mitres du premier type n'apportent évidemment qu'un remède incomplet aux différents inconvénients qu'elles doivent corriger. En effet, leur ouverture dans un plan horizontal laisse toute possibilité aux actions de la pluie, des vents plongeants et des rayons solaires. Elles ne forment qu'un simple ajustage destiné à augmenter la vitesse d'écoulement. Il nous semble inutile de nous étendre beaucoup à leur sujet. Fabriquées en matières diverses, poteries, grès, etc., et recevant des formes également variées, cylindriques, carrées en tronc de pyramide ou de cône, elles se composent essentiellement d'un bout de tuyau avec une douille pénétrant dans le conduit, et d'un rebord extérieur permettant de les sceller sur le massif de maçonnerie à l'aide d'un solin qui empêche les infiltrations d'eau dans le conduit au point de jonction.

Les mitres du second système, tout en laissant un passage libre à la fumée, protègent le conduit d'écoulement contre les actions de la pluie, l'accès des vents plongeants qui ne peuvent former un courant descendant dans le conduit.

Elles se fabriquent également en matières diverses, et reçoivent des formes variées à l'infini. La description de tous les modèles deviendrait fastidieux; nous croyons devoir nous borner à celle des types principaux les plus usuels.

Les figures 52 et 53 montrent un modèle de mitre de ce genre en terre cuite.

a, couronnément bombé par-dessus, avec listel convexe, au-dessus duquel est un champ qui couvre la mitre et sert à empêcher la pluie de tomber dans la cheminée.

b, ouverture pratiquée sur les deux faces pour le passage de la fumée.

c, planche de séparation tenant avec le couronnement, et divisant l'intérieur de la mitre en deux parties ou conduits pour la fumée ; cette séparation a l'avantage de rendre nul l'effet des bourrasques et des plus violents coups de vent sur la fumée, qui, dans le cas où elle se trouve refoulée dans l'un des conduits, trouve toujours un passage dans le conduit qui lui est opposé.

d, larmier dégagé du dessous, destiné à empêcher l'eau de couler dans la maçonnerie qui fait le scellement de la mitre, avec enduit en pente de dessus,

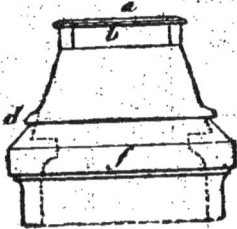 

Fig. 52. Fig. 53.

servant à l'écoulement de l'eau et à préserver ainsi de toute humidité les fermetures intérieures.

e, fermeture intérieure qui reçoit la mitre en dessus de la cheminée.

f, plinthe en couronnement formant saillie sur le corps de cheminée.

Un moyen assez facile de rendre aux mitres simples des qualités analogues à celles de la précédente, consiste à les recouvrir d'un chapeau formé de deux tuiles disposées en V renversé, ou d'un bout de tuile faîtière. Il faut avoir le soin de disposer les ouvertures dans une direction perpendiculaire à celle du vent le plus fréquent.

Tout le monde connaît les tuyaux en tôle avec chapeaux qui terminent la plupart des cheminées dans les grandes villes. On les fixe généralement par emmanchement, sur une mitre ordinaire, en terre ou en métal, puis on les protège contre le renversement, à l'aide d'une tige de fer scellée d'une part dans la maçonnerie et qui de l'autre embrasse le tuyau par une sorte de demi-anneau, dont les extrémités sont repliées en équerre; on assujettit cette équerre à l'aide d'une ligature, par un fil de fer. Les formes données au chapeau varient beaucoup, les figures 54, 55 et 56 en montrent les principales.

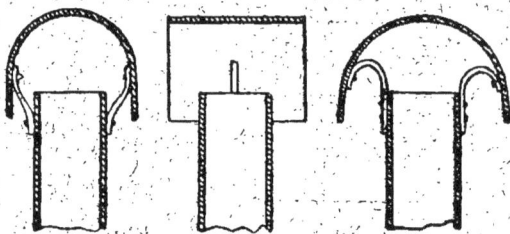

Fig. 54.

Fig. 54, recouvrement simple.

Fig. 55, même disposition avec addition de deux plaques de tôle, en regard des ouvertures. C'est la meilleure.

Fig. 56, appareils connus sous le nom de bonnets de prêtres, et réputés comme très efficaces.

On conçoit combien de modifications peuvent être apportées à ces appareils, en les combinant les uns avec les autres.

Depuis quelques années on fabrique des tuyaux en forme de mitre destinés à réaliser les mêmes avantages que les appareils précédents, et composés d'un tuyau surmonté d'une chambre avec chapeau de recouvrement. Cette chambre est close en partie par des lames superposées analogues aux lames d'une jalousie à demi fermée, ou de lames verticales ayant chacune comme section horizontale un V dont la pointe est tournée vers l'intérieur du tuyau. Les divers inventeurs qui fabriquent ces appareils leur

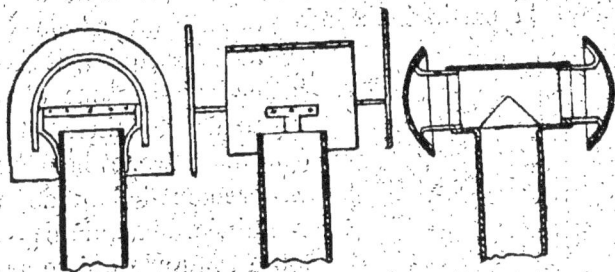

Fig. 55.

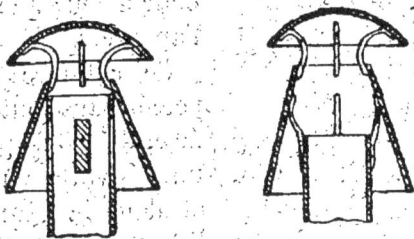

Fig. 56.

attribuent des propriétés absolues de protection contre l'effet du vent. Il est certain que la disposition en lames de persienne est assez bien conçue pour combattre l'effet des vents plongeants. Mais il arrive encore fréquemment que tous ces appareils n'empêchent pas les cheminées de fumer dans des circonstances atmosphériques déterminées.

Mitres perfectionnées et fixes.

Mitre de M. MILLET.

Cet appareil, que la figure 57 représente en élévation extérieurement, consiste en un cylindre de tôle
dont la partie supérieure *a* est légèrement bombée
et dont la partie inférieure présente un col de 21
centimètres, qui doit s'a-
juster sur le bout d'un
tuyau de cheminée d'un
égal diamètre, et boucher
entièrement le haut de la
cheminée, de manière que
toute la fumée puisse ar-
river dans l'espèce de tambour à jour que présente
l'appareil.

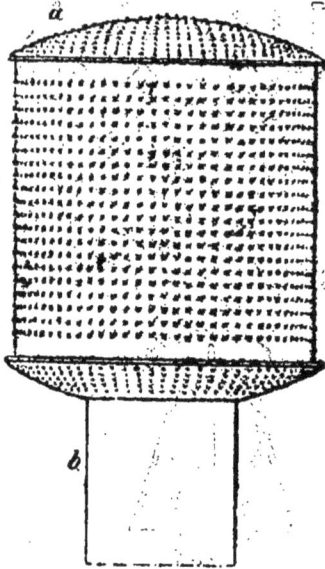

Ce cylindre doit être
percé, dans toute sa sur-
face, de trous présentant
une bavure au dehors,
et dont la réunion offre
l'aspect d'une râpe à su-
cre.

Fig. 57.

Pour que cet appareil, étant placé au sommet
d'une cheminée, puisse y bien remplir son objet, on
place à 1 mètre 60 ou 2 mètres au-dessus de l'âtre, une
planche de tôle percée de la même manière que le cylindre, en observant de mettre la bavure en dessus.

Par ce moyen, la fumée sort et ne rentre pas, et
les appartements sont garantis de tout refoulement.

*Appareil propre à empêcher les cheminées de fumer,
par M. J. DALMAS.*

Les figures 58 et 59 représentent cet appareil, qui se place au sommet des tuyaux construits sur les toits des maisons ; il est composé de trois pièces fixées l'une dans l'autre : la première de forme conique *a*, à la base, 50 centimètres de diamètre et 25 centimètres au sommet ; son élévation est de 50 centimè-

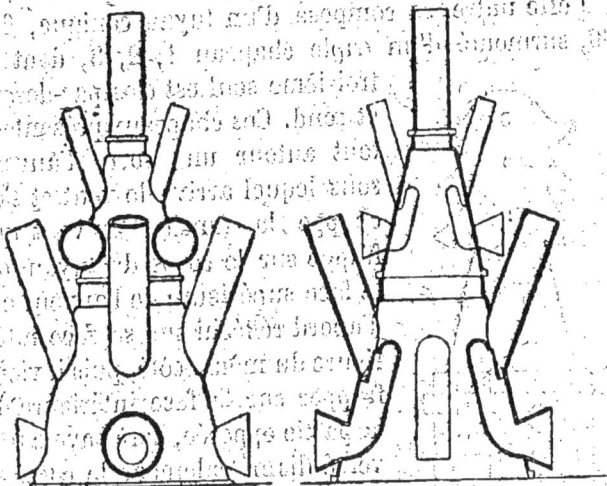

Fig. 58.   Fig. 59.

tres ; les ventouses de cette même pièce ont, dans l'intérieur, 8 centimètres de diamètre sur 30 centimètres de hauteur.

La hauteur des tuyaux par où sort la fumée est de 40 centimètres sur 10 centimètres de diamètre.

La pièce supérieure, de même forme que celle sur laquelle elle s'adapte, a 25 centimètres à la base et

12 centimètres au sommet, sur 35 centimètres d'élévation : les ventouses ont 5 centimètres de diamètre
à l'intérieur sur 16 centimètres de hauteur ; le diamètre des tuyaux de cette pièce est de 5 centimètres, et la hauteur de 20 centimètres. La troisième
pièce est le tuyau posé au sommet de l'appareil ; son
diamètre est de 8 centimètres sur 35 centimètres de
hauteur.

Fumifuge ou mitre de KITE.

Cette mitre se compose d'un tuyau conique, fig.
60, surmonté d'un triple chapeau 1, 2, 3, dont le
troisième seul est clos par-dessus
et rond. Ces chapeaux présentent
tout autour une sorte d'auvent
sous lequel arrive le vent et s'é-
chappe la fumée. Le vent qui
frappe sur le corps du tuyau ou
la face supérieure de l'auvent est
d'abord réfléchi sur sa face intérieure du même côté, puis il vient
frapper sur la face intérieure de
la partie opposée, après avoir traversé diamétralement le corps et
en entraînant la fumée, et enfin
se réfléchit sur ce même corps ou
sur la face supérieure de l'au-

Fig. 60.

vent pour sortir et dissiper la fumée dans l'atmosphère. Les lignes au pointillé dans la figure indiquent la marche du vent et de la fumée. Ce même
effet a lieu, quel que soit le vent qui souffle, puisque l'appareil est circulaire.

Fumifuge de M. DAY.

La figure 61 représente ce fumifuge perfectionné.

A est la base, B, le corps, qui est formé de plaques C, C, C disposées suivant une forme sphéroïdale, et présentant des ouvertures spirales ou rainures D, D

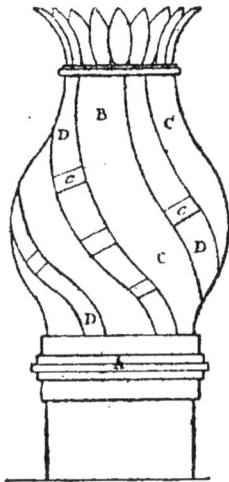

Fig. 61.

opposées entre elles. Ces ouvertures présentent une surface double de celle de la cheminée, et les plaques C, C sont unies entre elles par de petites brides *c, c* et par les couronnes.

Appareil empêchant la fumée, par M. F. J. MULLER.

M. Muller a exposé lui-même ainsi son invention :

Jusqu'à ce moment beaucoup de tentatives ont été faites pour empêcher les cheminées de fumer, et peu ou point d'appareils ont atteint ce but : je crois avoir sensiblement amélioré les combinaisons qui ont été imaginées à ce sujet.

Pour faciliter l'intelligence de ma découverte, je crois pouvoir me borner à donner quelques explications sur la construction de l'appareil, composé ainsi que le montre la figure 62 de deux tuyaux s'emboîtant l'un dans l'autre d'une façon particulière, le tout disposé au sommet de la cheminée.

a, maçonnerie qu'il est nécessaire d'établir à l'extrémité supérieure de la cheminée ou du bâtiment pour maintenir l'un des tuyaux en place; on le fait entrer dans le corps de la maçonnerie, et il y est maintenu au moyen de crampons en fer, ou de toute autre manière. Ce tuyau est percé d'un certain nombre de trous, depuis *b* jusqu'à *c*, par lesquels la fumée passe dans le second tuyau, d'où elle s'échappe dans l'atmosphère par les ouvertures *d*.

Par cet arrangement, quelles que soient la violence du vent, de la pluie, et même l'action du soleil, la fumée ne peut être refoulée, puisque le second tuyau est fermé à son extrémité supérieure par une plaque *e*, de même métal que le tuyau; cette plaque est rendue mobile au moyen de tringles que l'on retient par des clavettes, afin de faciliter, au besoin, le nettoyage de l'intérieur du tuyau.

Dans le cas où le corps de la cheminée serait mal construit, de manière à empêcher l'ascension de la fumée, je place, à l'intérieur, un ventilateur *f*, fig. 63, qui est mis en jeu par la fumée elle-même et en facilite l'évacuation dans l'atmosphère; d'ailleurs, ce ventilateur a encore pour objet d'accélérer ou activer le tirage du foyer, s'il en manque.

La figure 63 représente un appareil composé de trois tuyaux ; sa construction ne diffère pas essentiellement de celui que je viens de décrire ; le tuyau principal y reçoit d'abord la fumée, qui s'échappe, par des ouvertures, dans le second tuyau ; de là elle passe dans le troisième tuyau, qui enveloppe les deux premiers, par d'autres ouvertures d'où elle se rend dans l'atmosphère par les ouvertures pratiquées dans le haut et le bas de ce dernier tuyau.

Il est bien entendu que, en cas de besoin, on peut

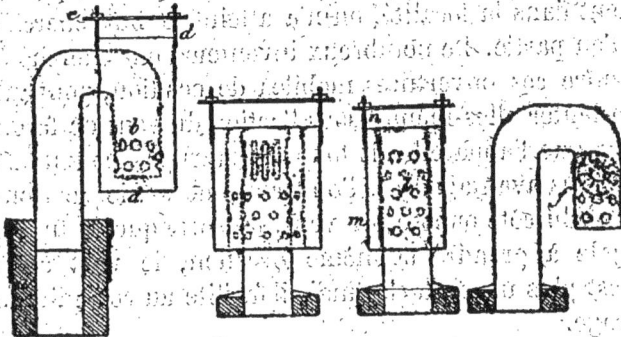

Fig. 62.   Fig. 63.   Fig. 64.   Fig. 65.

adapter un ventilateur à cet appareil, soit pour faciliter le tirage du foyer, soit pour l'ascension de la fumée.

La figure 64 représente un appareil à deux tuyaux : le tuyau principal, c'est-à-dire celui qui entre dans la partie supérieure de la cheminée, est également percé des trous *l*, *l*, par lesquels la fumée se rend dans le second tuyau *m* ; par cette disposition, l'influence du vent, de la pluie ou du soleil ne peut exercer aucun refoulement, et la fumée s'échappe dans l'atmosphère par les ouvertures *n*, *n*.

La figure 65 représente le tuyau principal de toutes les figures auquel est adapté le ventilateur *f*.

Appareils mobiles.

Tous les appareils précédents présentent le même inconvénient, à savoir que les orifices de sortie de la fumée étant fixes, toutes les fois que les vents sont dans une direction perpendiculaire, l'appareil devient à peu près inefficace, et bien qu'on dispose cette ouverture à l'abri des vents régnant le plus fréquemment dans la localité, on n'a atteint le but cherché qu'en partie. De nombreux inventeurs ont cherché à rendre ces ouvertures mobiles de position, pouvant s'orienter elles-mêmes sous l'action du vent de façon à ce que l'appareil soit toujours dans les conditions les plus avantageuses, l'ouverture de sortie se trouvant du côté opposé au vent, de sorte que la fumée tende à prendre la même direction, le vent alors n'est plus un obstacle, mais il facilite au contraire le tirage.

Des gueules-de-loup à girouette.

La construction la plus simple de cet appareil est celle indiquée fig. 66 et 67, elle se compose : d'un tuyau rond de tôle *a b c d*, que l'on fixe sur le sommet du tuyau de la cheminée, et qui devient ainsi l'ouverture par où sort la fumée ;

De deux traverses de fer *c* et *f* auxquelles une tige verticale *h h* est solidement fixée ;

D'un autre tuyau d'un diamètre plus grand, *i h l m*, armé également de deux traverses *g g* : celle inférieure est percée d'un trou pour laisser passer librement la tige verticale *h h* ; celle supérieure a une crapau-

dine pour recevoir l'extrémité supérieure de la tige
h h, qui est taillée en pivot à l'effet de laisser tourner facilement tout le tuyau *i k l m*.

La partie *o* du tuyau *i k l m* a été enlevée et présente une ouverture *r s t u*, pour laisser échapper la
fumée.

La partie supérieure *l m* est recouverte et est surmontée d'une plaque de tôle verticale *v x*, partant
du centre et dirigée du côté de l'ouverture *o*.

Lorsque le vent vient frapper la plaque *v x*, elle
tourne comme une girouette, et entraîne dans son

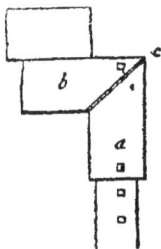 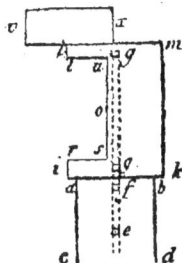

Fig. 66.   Fig. 67.

mouvement tout le tuyau *i k l m*, de sorte que son
ouverture se trouve constamment dirigée du côté
opposé d'où vient le vent; il en résulte que non seulement le vent n'empêchera pas la fumée de sortir,
mais en facilitera la sortie.

Quelquefois cet appareil a la forme représentée
fig. 66, c'est-à-dire qu'il est formé de deux tuyaux
coudés *a* et *b* dont la disposition intérieure est la
même que celle de la figure précédente.

On a cherché à rendre le vent favorable au courant ascendant de la fumée, et on y a réussi de plusieurs manières.

La première consiste à ajouter à l'appareil un entonnoir *f g* (fig. 68), dans lequel le vent, en s'introduisant par l'ouverture *g*, sort par l'extrémité du
tube *f*, et établit un courant dans le tube *a b*, s'il n'y
en a pas; on lui donne plus de vitesse s'il y en a un.

La seconde consiste à placer dans l'intérieur du
cylindre *b c* une hélice de tôle, de fer ou de cuivre
a b c (fig. 69), montée sur un axe *a i*, dont l'extrémité est armée d'un moulinet également de tôle, et
dont les ailes sont en surfaces gauches comme celles
d'un moulin à vent. Le moulin mis en mouvement
par la force du vent, fait tourner l'axe sur lequel

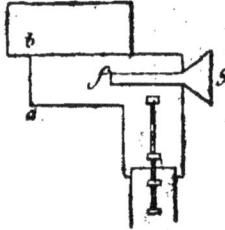 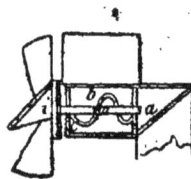 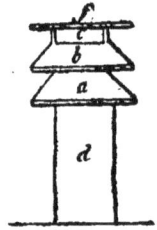

Fig. 68.   Fig. 69.   Fig. 70.

l'hélice est fixée, et établit un courant dans le tuyau
b c qui facilite l'ascension de la fumée; il faut que
l'hélice tourne dans le sens convenable, car elle
contrarierait le tirage si elle avait un mouvement de
rotation opposé.

On a construit, sur les mêmes principes de l'appareil, dont nous avons donné la description, et pour
suppléer au tuyau tournant, un appareil (fig. 70) qui
se compose de deux cônes *a* et *b*, placés au sommet
du tuyau *d*, qui communique avec le tuyau de la
cheminée, et d'une couverture *f* pour recevoir les
eaux pluviales; voici l'effet de cette disposition :

lorsque le vent frappe les surfaces inclinées *a* et *b* des deux cônes (1), il change de direction en se rapprochant de la direction verticale, et établit à l'orifice *a* une diminution de pression atmosphérique qui favorise le tirage.

Girouette perfectionnée de M. PALISSOT.

Ces tuyaux, qui sont représentés tout montés par la fig. 71 et 72, sont formés de deux parties : la partie

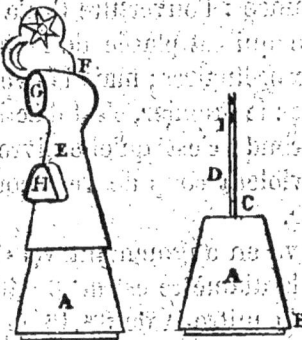

Fig. 71.   Fig. 72.

inférieure A, qui est en plâtre et en fonte de fer, se réunit à la cheminée par la base B, qui a 65 cent. de long sur une largeur qui est égale à celle des mi-

(1) On a trouvé que l'inclinaison de 60 degrés est la meilleure.

En effet, la direction des vents généraux ou vents alisés qui règnent dans nos contrées fait un angle de 15° avec l'horizon ; et, pour que ce vent soit réfléchi de manière à déterminer un courant ascensionnel dans le sens vertical, après avoir frappé une surface, il faut que les éléments de la surface qui reçoit le vent fassent avec l'horizon un angle de 60°. Ainsi les générations ou les crètes des cônes qu'on place sur les cheminées doivent avoir cette direction pour obtenir le plus grand effet possible.

tres ordinaires de cheminées ; elle se réduit à son sommet C, qui est circulaire, à 27 centimètres de diamètre ; cette première partie est munie entièrement de deux traverses en fer, sur lesquelles se trouve établie la tringle verticale D, sur laquelle doit pivoter la seconde partie E du tuyau ; cette partie est en tôle ou en cuivre ; son extrémité supérieure est recourbée et surmontée d'une girouette E qui a pour objet de tenir dans une position opposée à l'action du vent, les deux ouvertures G et H destinées à livrer passage à la fumée : l'ouverture G n'a rien de particulier sur celle qui est placée de la même manière dans les tuyaux ordinaires ; mais l'ouverture H réunit deux avantages : le premier, c'est d'activer le courant d'air, et le second, c'est qu'elle livre passage à la fumée, qu'un violent coup de vent pourrait refouler dans l'intérieur.

Le tuyau E va en augmentant vers son extrémité inférieure, où le diamètre est de $0^m.40$. Cette extrémité recouvre la mitre A de $0^m.16$ en laissant entre elle et la mitre un intervalle de $0^m.011$, qui contribue encore puissamment à activer le courant d'air.

Le tuyau E est garni comme la mitre A, intérieurement de deux traverses en fer, dans lesquelles passe la tringle D, et ce tuyau pivote sur la traverse supérieure.

A l'extrémité supérieure de la tringle D, sont pratiquées deux mortaises I, pour recevoir des clavettes, servant à fixer les deux parties ensemble ; cet assemblage rend l'appareil capable de résister à l'action du vent.

Appareil empêchant la fumée, par M. H. Leroux.

Cet appareil se place au sommet des cheminées et peut s'adapter à toutes celles qui existent, quelles que soient leurs formes et leurs dimensions, et même à tous les tuyaux de poêle ou de cheminée.

Il consiste en quatre portes, qui n'ont d'autre moteur que le vent : les unes se ferment pour s'opposer à son action, au moment même où celles placées du côté opposé s'ouvrent pour laisser échapper la fumée ; son mécanisme est tel que, si le vent vient à changer de direction, les portes placées du côté où il souffle se ferment aussitôt et laissent ouvrir celles qui se trouvent en face, de sorte que le vent, ne pouvant plus s'introduire dans la cheminée, ne peut plus la faire fumer.

Ainsi, c'est le vent lui-même qui préserve des accidents que, jusqu'à ce jour, il n'a que trop souvent occasionnés en soufflant le feu des foyers jusque sur les meubles des appartements.

Quoique quelques-unes des portes soient toujours ouvertes pour donner issue à la fumée, la tête de la cheminée se trouve cependant suffisamment ouverte pour qu'on n'ait plus à craindre aucune émanation extérieure.

Ventilateur fumivore, par M. J. P. Jallade.

Cet appareil, fig. 73 et 74, peut être exécuté en tôle ordinaire, en tôle galvanisée, en cuivre, en zinc ou en fer-blanc, de même que l'on peut lui donner des dimensions différentes, suivant l'emplacement qu'il doit occuper.

Il est composé de douze lames i tournées en spirales, dont l'ensemble intérieur et extérieur forme un cône tronqué ; ces lames sont rivées ou soudées, dans le bas et dans le haut, sur des cercles h ainsi que sur les quatre montants l ; ces quatre montants seront, dans certains cas, remplacés par un cercle horizontal s.

Le profil des lames indiquées sur le plan est une ligne droite : l'inventeur a, depuis, modifié cette forme et leur en a donné une autre, qui consiste en deux gorges faites sur les bords, celle extérieure en dessous, celle intérieure en dessus ; cette forme donne plus de force à l'air intérieur pour faire tourner l'appareil, et empêche l'air extérieur de s'introduire dedans. Dans le haut est une espèce de vase auquel on peut donner toute espèce de forme pour orner l'appareil ; ce vase contient, en dessous, une crapaudine en verre e, qui est posée sur un pivot en fer c, dont le haut est terminé par une pointe aiguë et acérée, et qui sert d'axe de rotation à l'appareil : le pivot est supporté, par le bas, par trois branches d, qui viennent rejoindre les bords d'un tuyau en tôle b, de forme conique, sur lesquels elles sont vissées.

Pour empêcher l'appareil de sortir de la ligne verticale, on a placé, vers le milieu, un conducteur composé d'une virole t et de quatre branches e qui viennent rejoindre les quatre montants l ou le cercle horizontal s.

Le fumivore ainsi disposé, peut être placé sur les tuyaux en tôle, sur les mitres, tel qu'il est représenté sur la figure, ou simplement scellé sur les souches de cheminées ; aussitôt placé, il prend un mouvement de rotation causé par l'ascension de l'air intérieur et par le courant de l'air extérieur qui le font tourner toujours dans le même sens ; en raison de la forme des lames indiquées par la figure *r*, l'air extérieur ne peut plus s'introduire dans la cheminée, ce qui,

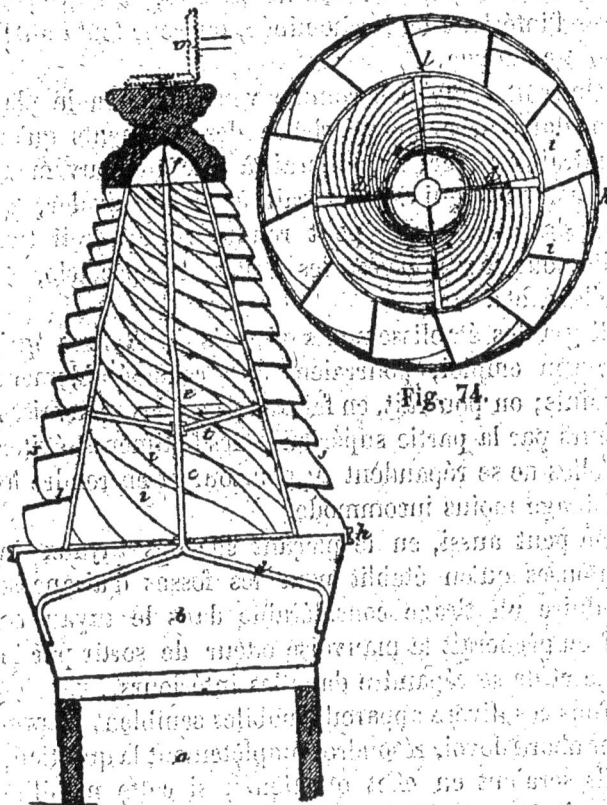

Fig. 74.

Fig. 73.

quelquefois, fait rabattre la fumée dans les apparte-ments ; l'air intérieur et la fumée qu'il contient se trouvent projetés au loin par le mouvement de rotation de l'appareil, ce qui tend à faire le vide dans la cheminée et produit un fort tirage.

On peut, en ajoutant dans la partie supérieure des fumivores un engrenage *v*, utiliser cette force motrice pour faire marcher des tourne-broches, en le plaçant dans l'intérieur de la cheminée, ou pour toute autre chose analogue.

On peut l'employer comme ventilateur en le plaçant dans la partie supérieure des bâtiments qu'on voudrait ventiler; il donnerait à l'air un mouvement ascensionnel qui le forcerait à se renouveler, ce qui, dans ce cas-là, peut rendre cet appareil très utile pour les hospices, les salles de spectacle, les ateliers, etc.

Il y a des établissements réputés insalubres qui, par son emploi, pourraient être considérablement assainis; on pourrait, en faisant partir les mauvaises odeurs par la partie supérieure des bâtiments, éviter qu'elles ne se répandent au pourtour et en rendre le voisinage moins incommode.

On peut aussi, en le plaçant sur des tuyaux de ventouses qu'on établit pour les fosses d'aisances, produire un tirage considérable dans le tuyau, ce qui empêcherait la mauvaise odeur de sortir par le siège et de se répandre dans les intérieurs.

Tous ces divers appareils mobiles semblent au premier abord devoir résoudre complètement la question, et ils seraient en effet excellents, si cette mobilité pouvait être parfaite. Mais à cause du frottement assez considérable, et des conditions toujours élémentaires de construction pour arriver à un prix de vente peu élevé, il n'arrive que trop souvent que cette mobilité laisse beaucoup à désirer, et que l'appareil peut même devenir nuisible, ce qui se comprend aisément si on considère une girouette dont la gueule reste ouverte en regard de la direction des vents.

Ces appareils sont généralement en tôle, qui se trouve là dans les conditions les plus défavorables, se couvre très-rapidement de rouille, ce qui incontestablement forme un nouvel obstacle à la mobilité des organes.

On a pu remédier facilement à cet inconvénient depuis quelques années, grâce à l'extension qu'a pris le zincage du fer. Il sera toujours préférable, toutes les fois qu'une cheminée se terminera par un appareil en tôle, fixe ou mobile, de le faire zinguer, la petite différence de prix de revient est amplement compensée par la conservation de l'appareil.

CHAPITRE IV.

Des Poêles.

—

§ 1. DES POÊLES EN GÉNÉRAL.

Les poêles sont des appareils d'économie domestique, formant des appareils de chauffage clos, placés dans la pièce à échauffer. Ils ont une capacité plus ou moins grande dans laquelle on brûle du combustible, les produits de la combustion sont évacués au-dehors par un tuyau.

Le mode de chauffage des poêles diffère essentiellement de celui des cheminées. Ici ce n'est plus par rayonnement, mais bien par le chauffage direct de l'air de la salle par les produits de la combustion, au travers de l'enveloppe qui forme l'appareil. Ils utilisent une plus grande quantité de calorique; un poêle est en moyenne six fois plus économique qu'une cheminée.

Les poêles jouissent de la propriété de ne pas exiger un renouvellement d'air aussi considérable que les cheminées, parce qu'il n'y a, d'après leur construction, que l'air nécessaire à la combustion qui est entraîné dans les tuyaux, après avoir passé au travers du feu.

Lorsque les ouvertures qui existent dans l'appartement ne laissent pas entrer une quantité beaucoup plus considérable d'air que celui absorbé par la combustion, le renouvellement de l'air est trop peu abondant, il en résulte une gêne dans la respiration des personnes qui habitent l'appartement où est le poêle, et c'est pour cette raison qu'on reproche à ce mode de chauffage de produire une chaleur *étouffante*, ce qui ne doit pas être entendu par une chaleur trop forte. On remédie à cet inconvénient par une disposition analogue à celle que nous avons vu employer dans les cheminées, en faisant circuler de l'air pris au dehors autour des faces du poêle ou des tuyaux pour se répandre dans l'appartement après avoir été échauffé.

Nous venons de dire qu'un poêle aspire une beaucoup moindre quantité d'air de l'appartement qu'une cheminée, parce que le soupirail par lequel le courant entre dans l'appareil est réduit à de très petites dimensions qu'on peut encore diminuer à volonté au moyen d'une petite porte à coulisse; de sorte qu'il ne consomme guère au-delà de ce qui est indispensable pour alimenter la combustion ; et il est même possible d'éviter que l'air nécessaire à la combustion soit pris aux dépens de l'appartement, en établissant un conduit qui prenne l'air à l'extérieur, et qui l'amène à la porte du foyer pour le diriger sous le combustible ; une porte qui se fermerait hermétiquement et placée dans un endroit quelconque du poêle servirait à introduire le combustible, et à surveiller le feu.

Dans un grand nombre de pays, principalement dans ceux dont les hivers sont très froids, comme dans le nord de l'Europe, les poêles placés dans les appartements ont dehors ou dans une autre chambre l'ouverture par laquelle on met le combustible, et par laquelle arrive l'air nécessaire à la combustion ; par ce moyen on est parfaitement échauffé, avec peu de combustible, et il ne peut s'introduire d'air froid par aucune fente, parce qu'il n'en sort pas de la chambre qu'il faille remplacer, mais on y est réduit à respirer constamment le même air, et pour ne pas y être incommodé, il faut avoir recours aux moyens de *ventilation*.

Dans les deux cas ci-dessus, on n'aurait plus à renouveler dans l'appartement que l'air nécessaire à la respiration.

On pourrait disposer un poêle de manière à voir le feu comme dans une cheminée, en appliquant un châssis vitré sur une de ses faces, ou en faisant la porte plus grande, et en y plaçant des carreaux de vitres, ainsi que nous l'avons indiqué pour les cheminées.

Enfin, un poêle a encore l'avantage de fumer beaucoup plus rarement qu'une cheminée, parce que

le tirage étant plus fort oppose un obstacle plus difficile à vaincre aux différentes causes qui occasionnent le refoulement de la fumée ; cependant, s'il en
existait d'assez puissantes pour faire fumer les poêles,
les remèdes seront les mêmes que ceux que nous
avons indiqués pour les cheminées.

On donne souvent dans le commerce aux poêles,
le nom de calorifères, cette dénomination n'offre pas
d'inconvénient, mais cependant il serait préférable
de conserver ce nom aux appareils de chauffage placés en dehors des pièces qu'ils desservent.

De la matière des poêles.

La chaleur produite par un poêle se transmet en
traversant ses parois, et la quantité de calorique émise
dépend du plus ou moins de conductibilité de la matière dont il est formé ; on devra préférer le métal à
toute autre substance ; le fer est préférable au cuivre
sous le rapport de l'économie dans la dépense. Quant
à la faïence, comme elle est du nombre des corps
mauvais conducteurs, on devrait en abandonner l'emploi.

Toutefois, il est bon de bien se rendre compte de
la façon dont s'opère le chauffage avec un poêle, ce
qui permettra de choisir judicieusement la matière
qui le forme, suivant les divers cas qu'on a à remplir.

Les poêles en métal s'échauffent vite et se refroi-
dissent de même. L'inverse a lieu dans ceux en maçonnerie.

Dans les poêles en métal, la combustion doit être
lente et permanente ; dans ceux en maçonnerie, il
faut au contraire qu'elle soit assez vive pour échauf-

fer rapidement la masse de l'appareil, et qu'on renouvelle cette opération à des intervalles plus ou moins
éloignés.

On comprend aisément l'emploi des grands poêles
en faïence dans des pièces habitées par un nombre
assez considérable de personnes, telles que des salles
d'école, poêles qu'on peut chauffer d'avance, pour
avoir une température convenable lorsqu'on y entre,
et qui se maintient longtemps échauffée.

Franklin s'est efforcé de combattre une opinion répandue généralement et qui consiste à croire que les
poêles de fer répandent une odeur désagréable et sont
malsains. Franklin dit que, si on s'est plaint de la
mauvaise odeur répandue par ces poêles, elle ne peut
provenir du fer même, mais de la malpropreté dans
laquelle on tient les poêles en général. Pour les tenir
propres, il suffit de les nettoyer avec une brosse trem-
pée dans une lessive faite avec des cendres et de l'eau,
ou avec une bonne eau de savon.

Le fer chaud ne donne pas de mauvaise odeur ; en
effet, les forgerons des fourneaux de forge, qui versent
ce métal en fonte pour le mouler, n'en ont jamais
senti la moindre odeur : cela est constaté par la bonne
santé dont jouissent ceux qui travaillent le fer, comme
les forgerons, les serruriers, etc. ; le fer est même
très salutaire au corps humain : c'est une vérité re-
connue par l'usage des eaux minérales, par les bons
effets de la limaille d'acier dans plusieurs maladies
et par l'expérience que l'on a que l'eau même des serruriers, où ils trempent leurs fers chauds, est avantageuse à la santé du corps.

Le savant Désaguliers rapporte une expérience qu'il
a faite pour éprouver si le fer chaud exhalait quel-

Poélier-Fumiste.   12

ques vapeurs malsaines. Il prit un cube de fer, percé de part en part d'un seul trou, et après l'avoir poussé à un degré de chaleur très élevé, il y adapta un récipient si bien épuisé d'air par la machine pneumatique, que tout l'air qui rentrait pour remplir le récipient était obligé de passer par le trou qui traversait le fer chaud; il mit alors dans le récipient un petit oiseau qui respira cet air sans donner le moindre signe de malaise.

En 1788, la Société royale de médecine, dans un rapport sur les foyers de Désarnod, qui sont également en fonte, termine ainsi son rapport au sujet de l'insalubrité attribuée à ce métal : «Nous pouvons assurer avec vérité que, dans les chambres où nous avons vu ces foyers en expérience, quoiqu'on eût fermé toutes les ouvertures, nous n'avons senti aucune émanation qu'on pût attribuer à la fonte. Bien plus, quoique, dans l'un de ces âtres, on brûlât du charbon de terre non épuré et absolument chargé de tout son bitume, nous n'avons nullement senti l'odeur de ce charbon. »

Enfin, M. Thénard, dans un rapport fait à l'Institut, dans le troisième trimestre de 1820, prouve que l'usage des tuyaux de poêles en tôle, et même de ceux en cuivre est sans danger pour la santé.

Malgré l'opinion imposante de Franklin, de Désarnod et de M. Thénard, il n'en est pas moins avéré aujourd'hui que le fer, la fonte ou les métaux qui sont portés à une chaleur rouge exercent une action insalubre sur la santé, par deux causes qui sont faciles à concevoir.

Les métaux chauffés au rouge dans un lieu clos, en élevant beaucoup et subitement la température de l'air, augmentent aussi notablement sa capacité pour la vapeur d'eau. Il en résulte que cet air sec soutire cette vapeur aux corps environnants, à nos membranes muqueuses et à tous nos organes et leur enlève une humidité nécessaire au jeu de leurs fonctions, et nous cause une souffrance, ce malaise qu'on éprouve dans les lieux chauffés par des poêles en fonte ou en fer, où la flamme frappe directement sur le métal et le fait rougir.

En second lieu, l'expérience a démontré qu'il flotte constamment dans l'atmosphère, et surtout dans les capacités closes où sont renfermés des hommes et des animaux, des matières animales légères et imperceptibles qui en se déposant sur les surfaces du métal portées au rouge s'y brûlent en répandant cette odeur qui caractérise les matières animales en combustion et en y mélangeant des gaz qui rendent l'air à la fois odorant et insalubre, si l'on n'a pas le soin d'établir un système de ventilation. On se fait difficilement une idée de la petite quantité de matières animales qui doivent se brûler ainsi pour incommoder les habitants d'une chambre ou d'un appartement chauffé ainsi par le rayonnement de surfaces métalliques portées au rouge.

On est dans l'usage de remplir avec des briques la partie de l'intérieur des poêles qui n'est pas destinée au combustible ; du métal remplirait beaucoup mieux l'objet qu'on se propose ; le seul inconvénient qu'il y aurait serait un surcroît de dépense.

De la forme des poêles.

Les poêles en usage sont ronds ou carrés; les premiers ont l'avantage de s'échauffer partout également, parce que les parois sont, sur toute la circonférence, à égale distance du feu, et par conséquent s'échauffent également dans toutes les directions, tandis qu'un poêle carré, s'échauffant davantage dans le milieu des côtés que dans les angles, échauffe inégalement dans son voisinage. D'ailleurs, la combustion ayant lieu généralement au centre de la capacité, le poêle cylindrique doit, produire un peu plus de chaleur que le carré, à cause de la perte de calorique qu'éprouvent les rayons qui ont plus de chemin à parcourir pour atteindre la surface qu'ils doivent pénétrer.

Enfin, sous le rapport de la durée des deux appareils, le poêle rond l'emporte encore sur le carré, parce que, dans celui-ci, l'inégalité d'échauffement de ses surfaces peut en occasionner la rupture, ce qui se remarque généralement dans les poêles de faïence, tandis que ce désavantage n'a pas lieu dans le poêle rond, d'une manière aussi sensible du moins.

De l'épaisseur des parois des poêles.

On peut diviser les poêles en deux parties, sous le rapport de l'épaisseur de leurs parois : la première, à parois minces, la seconde, à parois épaisses. Il est facile de concevoir que plus les parois sont épaisses, plus le calorique éprouve de difficulté à pénétrer, et moins, par conséquent, il y a de chaleur produite dans l'appartement ; car, si les parois, par exemple, avaient 65 ou 97 centimètres d'épaisseur, jamais la surface extérieure n'arriverait à la chaleur rouge avec nos feux ordinaires. Il est vrai qu'il s'accumulerait une plus grande quantité de calorique, qui se répandrait ensuite lentement dans la chambre, sans perte dans l'appartement. Or, il arriverait que l'air intérieur du poêle serait beaucoup plus échauffé par le contact des parois, et que le courant emporterait continuellement une grande quantité de chaleur dans le conduit de la cheminée, ce qui se reconnaîtrait à l'extrême chaleur que contracterait le bout du tuyau qui aboutit à la cheminée : il faut ajouter la diminution de mouvement ou de force qu'éprouveraient les rayons de calorique à la rencontre de parois presque impénétrables. Il paraît donc hors de doute qu'il y a réellement, par l'effet de ces deux causes, une perte de chaleur avec des parois très épaisses.

D'un autre côté, lorsque les parois sont minces, elles s'échauffent plus promptement; le calorique se répand avec plus de vitesse dans l'appartement, mais aussi il s'échappe avec plus de facilité.

Nous conclurons donc qu'à dépense égale de combustible, avec des parois minces, il y a moins de perte de chaleur, et que l'appartement est promptement échauffé; ce qui convient aux pays froids où cette sorte de poêle est en effet plus en usage; qu'avec des parois épaisses, il y a plus de perte de calorique; mais qu'on a un réservoir de chaleur permanente qui se verse lentement dans l'appartement, de manière à y entretenir une température plus égale; et que cette sorte de poêle convient aux climats tempérés et où l'économie est d'une importance moins grande.

Des tuyaux de poêles.

La chaleur contenue dans le courant d'air brûlé est si considérable qu'on peut *doubler* la chaleur que produirait un poêle de métal, en adaptant à l'appareil des tuyaux suffisamment longs, et la *tripler* si le poêle est en faïence. Ces tuyaux doivent être faits en métal le plus mince possible, pour que la chaleur passe plus promptement au travers de leurs parois.

Cette longueur a cependant des limites, parce que, si la température de l'air brûlé, à sa sortie du tuyau de la cheminée, se rapprochait de la température de l'air extérieur, le tirage n'aurait pas lieu.

Le tirage est souvent diminué et la combustion ralentie dans un poêle, par les coudes que l'on fait faire aux tuyaux d'un poêle, parce que la vitesse du courant d'air brûlé est moindre que lorsqu'ils ne font pas d'angles entre eux. Ce ralentissement du courant est dû au frottement contre les parois et au choc qui a lieu dans les angles à chaque changement de direction. Il résulte cependant un avantage de cette disposition de tuyaux coudés, c'est que la fumée dépose dans l'appartement une plus grande partie de sa chaleur avant d'arriver dans le tuyau de la cheminée.

Lorsque le tirage ne sera pas assez énergique et que la combustion n'aura pas assez d'activité, il faudra donc diminuer le nombre des coudes ou la longueur des tuyaux, ou enfin, placer des tuyaux faits avec une matière du nombre des mauvais conducteurs du calorique ; mais ce moyen fera perdre beaucoup de chaleur dans l'appartement.

Il faut avoir le soin de ne pas disposer un tuyau descendant immédiatement après le foyer, parce que le tirage au commencement ne pourra se faire qu'autant qu'on aura échauffé la cheminée. En général, il vaut mieux faire circuler l'air brûlé verticalement qu'horizontalement.

Il ne faut jamais présenter à l'air brûlé plusieurs tuyaux qu'il doive parcourir simultanément en montant, il n'en est pas de même pour l'air descendant.

La même remarque a lieu pour les accroissements momentanés de diamètre du tuyau.

Ces observations sont importantes à noter, vu l'usage des tuyaux de forme très complexe, avec parties bifurquées en losange, rectangle, ou chambres larges qu'on intercale sur leur parcours.

La meilleure disposition, celle qui permet avec le plus petit parcours d'utiliser le mieux la chaleur emportée dans les tuyaux, consiste à faire circuler l'air brûlé dans un tuyau de fonte dont la surface soit garnie de nervures nombreuses et rapprochées, se prolongeant en dedans et en dehors, et placées alternativement dans des plans différents, ce tuyau étant enveloppé d'un autre de plus grand diamètre ouvert aux deux bouts, et d'une hauteur suffisante.

§ 2. DESCRIPTION DE DIVERS MODÈLES.

Tous les modèles de poêle qu'on rencontre dans le commerce peuvent être groupés en deux types uniques.

La cloche, appareil formé d'une enveloppe quelconque où s'opère la combustion, en contact avec l'air sur toutes ses faces, et la cloche enveloppée, où l'air s'échauffe principalement dans son passage entre la cloche et l'enveloppe, pour se répandre ensuite dans la pièce. Cette seconde classe d'appareils est encore désignée sous le nom de poêles à circulation d'air. C'est à eux qu'on applique souvent le nom de calorifères.

1° Cloche en fonte.

Tout le monde connaît cet appareil que son nom seul définit complètement. Il se compose de deux cloches un peu aplaties, superposées par leur plus large ouverture, la pièce inférieure est supportée par trois pieds, la partie supérieure porte une ouverture soit sur son sommet, soit latéralement avec un manchon pour y ajuster le tuyau de dégagement. Enfin une ouverture latérale munie d'une petite porte permet d'introduire le combustible.

Dans cet appareil comme dans une foule d'autres en tôle de construction plus soignée et plus élégante, la surface de chauffe est rarement suffisante pour absorber la chaleur dégagée, ils chaufferaient donc relativement peu, si généralement ils n'étaient toujours installés avec de très longs tuyaux où l'on parvient à utiliser cette chaleur.

2° *Poêle commun en faïence.*

Nous ne nous étendrons pas davantage sur cet appareil aussi connu que le précédent. Il se compose d'une capacité de forme carrée ou cylindrique en faïence émaillée, dans laquelle on brûle le combustible. Il est évident que cet appareil est encore moins bon que le précédent, et qu'il utilise encore moins la chaleur produite par la combustion. D'ailleurs on ne les construit généralement plus aussi élémentaires, et nous allons décrire quelques modèles préférables, qui sont aujourd'hui plus employés.

3° *Poêles suédois.*

Ces poêles en terre cuite offrent par suite de leur construction des conditions bien plus favorables pour l'utilisation de la chaleur. Les produits de la combustion, au lieu de s'échapper brusquement de l'appareil, y séjournent plus longtemps, par suite d'une division en chambres successives que la fumée est obligée de parcourir entièrement avant de s'échapper par le tuyau.

On les rencontre à la vérité un peu dans tous les pays, mais leur nom provient de ce que leur emploi dans les parties septentrionales de l'Europe est d'une nécessité absolue : ils conservent longtemps leur

Fig. 75.   Fig. 76.

chaleur et n'exigent guère qu'un sixième du combustible qu'on brûlerait dans une cheminée ordinaire ; plus la surface d'un poêle est considérable, plus la chaleur est grande ; il ne faut donc pas s'étonner de les voir quelquefois occuper toute la hauteur d'un appartement avec une largeur et une profondeur proportionnées à la première dimension.

La figure 75 représente une des faces d'un poêle de ce genre : *a* est le gueulard ou la porte qui sert à introduire le combustible et à allumer le feu : cette porte est ordinairement munie du petit guichet qui ferme à coulisse.

La figure 76 est une section de ce poêle faite vers le tiers de sa longueur, du côté où est située la porte de la figure 75 ;

b est la cavité où l'on place le combustible et que l'on peut nommer le *foyer* ; il est séparé de la cavité *c*, laissée au-dessous du poêle, par un plancher de terre ;

d d sont des cavités qui amassent et conservent la chaleur et que la fumée traverse ;

e est une autre cavité qui n'a point de communication avec les autres, et que, par conséquent, la fumée ne traverse pas ; elle est placée au sommet du poêle et sert ordinairement de séchoir ; mais, comme la poussière s'y attache, il est préférable de terminer le poêle par une surface plane.

La figure 78, qui est une autre section du poêle, fait encore mieux concevoir sa construction et la direction que prend la fumée ; les chicanes *k k*, ainsi que le toit *k*, sont en briques ou en terre cuite. On voit que les chicanes se projettent à l'*intérieur des* trois quarts environ de la longueur totale ; leurs extrémités *ll* sont soutenues par des pièces de fer fixées dans le poêle. Par ce moyen, le passage de la fumée n'est point interrompu, et on la voit suivre le courant d'air. Le cours de la fumée est rendu encore plus sensible par la figure 77, qui est une section de la partie du poêle la plus éloignée de la porte.

m m sont les conduits pour la fumée ; de niveau avec la partie supérieure de la cavité, et dans le dernier des conduits, est une petite trappe *n* qu'on a le

ssoin de fermer lorsque le combustible est carbonisé ;
ce qui, en arrêtant la combustion, contient la chaleur
à l'intérieur du poêle, d'où elle se répand dans l'appartement ; mais comme, lorsque l'atmosphère est très
froide, elle pourrait venir refroidir toute la partie du
poêle située au-dessus de cette trappe, on pratique une
seconde trappe à la partie extérieure de la cheminée
située au-dessus du toit de la maison ; et, au moyen
d'une tige de fer et d'un petit mécanisme facile à

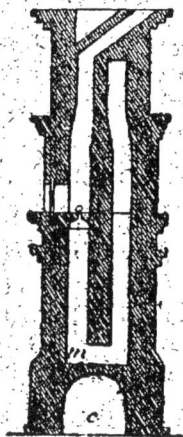 

Fig. 77.   Fig. 78.

imaginer, ces deux trappes peuvent être fermées de
l'intérieur avec beaucoup de promptitude et de facilité.

Cependant le moyen qu'on emploie le plus ordinairement pour fermer cette ouverture consiste à y en-
foncer un bouchon de terre cuite dont les bords, dépassant les parois du trou, entrent dans une gouttière
qui l'entoure ; on recouvre le tout avec du sable ; on
introduit le modérateur par une porte pratiquée dans

les parois du poêle qu'on ferme elle-même par un plateau de terre; toute la masse du poêle repose sur des piliers ou sur une petite voûte, de sorte qu'elle est élevée de quelques centimètres au-dessus du sol; on allume d'abord, dans le fond du foyer, un peu de paille ou quelques copeaux, afin d'échauffer l'intérieur ou de créer un courant; puis on empile le bois sur le devant du foyer du côté, et on l'allume; le courant qui s'est déjà établi, dirige aussitôt la fumée dans son conduit. On ferme d'ailleurs la porte *a* en laissant le guichet ouvert; le courant d'air qui le traverse frappe sur le milieu ou sur la partie inférieure du combustible et ne tarde pas à le faire flamber. Le but de cette construction est évident. On se propose d'y retenir la flamme et l'air échauffé le plus longtemps possible, en leur faisant traverser de longs conduits et en multipliant, autant que possible, les surfaces échauffantes.

C'est dans ce but que le poêle est élevé au-dessus du niveau du sol et qu'on l'isole autant que possible. On a remarqué que le fond et le derrière du poêle contribuaient pour une moitié à l'effet total, et l'effet du fond, tout seul, est au moins égal à celui des deux surfaces antérieure et postérieure. Lorsque les chambres sont petites, un poêle de cette espèce suffit pour en chauffer deux à la fois. Chez les particuliers un peu aisés, ces poêles sont placés dans le voisinage des passages et des corridors de la maison, de sorte que les domestiques peuvent les entretenir sans entrer dans les appartements; d'ailleurs on évite ainsi la poussière et les cendres.

Ce système de poêles est infiniment préférable aux grands poêles des ateliers, tant sous le rapport de la production de chaleur, que sous celui de l'économie de combustible : on pourra peut-être objecter que la chaleur de ces poêles est malsaine, et qu'en dissipant continuellement l'humidité du corps, elle donne lieu à des maux de tête et fatigue les yeux. En admettant qu'il en soit ainsi, on peut y remédier en plaçant sur le poêle un vase de terre ou de verre plein d'eau et présentant une large surface et peu de profondeur ; l'eau, en s'évaporant, redonne à l'atmosphère de la chambre l'humidité dont la chaleur du poêle l'aurait privée.

Il nous paraît inutile après cet exemple de décrire en détail les immenses variétés établies sur ce modèle. Elles ne diffèrent d'ailleurs entre elles que par le nombre des cloisons et leur disposition horizontale ou verticale.

Cette dernière doit être préférée, l'expérience ayant démontré que dans ce cas le tirage est plus grand.

Il y aurait encore un nouveau perfectionnement à appliquer à ces appareils, qui consisterait à leur faire chauffer préalablement l'air introduit du dehors dans la pièce et qui sert à renouveler celui dépensé par la combustion. C'est ce que l'on fait avec les bouches de chaleur. Le poêle que nous décrivons ci-après en est un exemple.

Poêle construit sur les principes des cheminées suédoises, avec bouches de chaleur, par Guyton - Morveau.

Avant de donner la description de ce poêle, M. Guyton-Morveau entre dans quelques explications sur le calorique et sur la manière de l'obtenir : 1° *On ne*

Poêlier-Fumiste.   13

produit de chaleur qu'en proportion du volume d'air qui est consommé par le combustible; 2° *la quantité de chaleur produite est plus grande avec une égale quantité du même combustible, lorsque la combustion est plus complète;* 3° la combustion est d'autant plus complète que la partie fuligineuse du combustible est plus longtemps arrêtée dans des canaux où elle puisse subir une seconde combustion; 4° il n'y a d'utile dans la chaleur produite, que celle qui se répand et se conserve dans l'espace que l'on veut échauffer; 5° la température sera d'autant plus élevée dans cet espace, que le courant d'air qui doit se renouveler pour entretenir la combustion sera moins disposé à s'approprier, en le traversant, une partie de la chaleur produite. De là plusieurs conséquences évidentes : 1° Il faut isoler le foyer des corps qui pourraient communiquer rapidement la chaleur. Toute celle qui sort de l'appartement est en pure perte, si elle n'est conduite à dessein dans une autre pièce; 2° la chaleur ne pouvant être produite que par la combustion, et la combustion ne pouvant être entretenue que par un courant d'air, il faut attirer ce courant dans des canaux, où il conserve la vitesse nécessaire, sans s'éloigner de l'espace à échauffer, de manière que la chaleur qu'il y dépose s'accumule graduellement dans l'ensemble du fourneau isolé, pour s'en écouler ensuite lentement, suivant les lois de l'équilibre de ce fluide; 3° le bois consommé au point de ne plus donner de fumée, il est avantageux de fermer l'issue de ces canaux, pour y retenir la chaleur qui serait emportée dans le tuyau supérieur par la continuité du courant d'un air nouveau, qui serait nécessairement à une plus basse température;

4° enfin, il suit du cinquième principe, que, toutes choses d'ailleurs égales, on obtiendra une température plus élevée et qui se soutiendra bien plus longtemps, en préparant dans l'intérieur des poêles, ou sous l'âtre des cheminées et dans leur pourtour, des tuyaux dans lesquels l'air tiré de dehors s'échauffe avant de pénétrer dans l'appartement pour servir à la combustion, ou pour remplacer celui qu'elle a consommé ; c'est ce que l'on a nommé *bouches de chaleur*, parce qu'au lieu d'envisager leur principale destination, on pense assez communément qu'elles ne sont faites que pour donner, par ces issues, un écoulement plus rapide à la chaleur produite. Cette opinion n'est pas absolument sans fondement, puisqu'il en résulte une jouissance plus actuelle en quelques points, et que l'air qui en sort n'a changé de température qu'en emportant une portion de la chaleur qui aurait séjourné dans l'intérieur. Cependant ceux qui les proscriraient comme contraires à l'objet le plus essentiel, qui est de la retenir le plus longtemps possible, ne font pas attention qu'avec la possibilité de fermer ces issues, en interdisant par une simple coulisse la communication avec l'air du dehors, il est facile d'en retirer tous les avantages sans aucun inconvénient; ajoutons que, dans les appartements resserrés ou exactement fermés, cette pratique devient indispensable, si l'on ne veut rester exposé à des courants d'air froid, et faire une part de combustible pour restituer la chaleur qu'ils absorbent continuellement.

L'expérience a prouvé que le poêle de M. Guyton-Morveau présente une économie de 30, 40 et jusqu'à 50 pour cent sur le combustible. Le service en est très facile ; il consiste à mettre à la fois tout le bois que peut contenir le foyer, qui est très petit ; à n'y introduire que du bois scié d'égale longueur, et dès qu'il a brûlé, à fermer la coulisse destinée à arrêter la communication des canaux de circulation avec le tuyau de la cheminée ; par ce moyen, toute la chaleur que le combustible a pu produire reste dans ces canaux, et n'en sort que lentement et seulement pour se rendre dans l'appartement ; au lieu qu'un morceau de bois qui n'aurait pas brûlé en même temps obligerait de laisser cette coulisse ouverte, et que le courant d'air nécessaire à la combustion emporterait dans le tuyau de la cheminée la plus grande partie de la chaleur produite.

La figure 79 représente le poêle vu de face ; sa hauteur est de 1 mètre 64 centimètres, non compris le vase qui est un ornement indépendant, simplement posé sur la table supérieure ; sa largeur est de 85 centimètres, sa profondeur, de 58 centimètres. Son élévation peut, sans inconvénient, être portée à 2 mètres, ou être réduite à celle des poêles de laboratoire portant un bain de sable à la hauteur de la main.

Les deux autres dimensions sont déterminées par celle des briques destinées à former les canaux intérieurs de circulation, qui doivent elles-mêmes être dans des proportions données pour que la fumée y passe librement, et cependant qu'il n'y entre pas avec elle une quantité d'air capable d'en opérer la condensation ou d'abaisser la température au-delà du degré nécessaire à son entière combustion.

V V sont les garnitures extérieures des deux bouches de chaleur.

M M, ouvertures du poêle par lesquelles entre l'air qui doit sortir par les bouches de chaleur. On les ferme lorsque l'on tire l'air du dehors par un tuyau caché sous le pavé, ce qui est bien plus favorable au renouvellement de l'air respirable de l'appartement, et prévient le danger des courants d'air froid attiré par le foyer, ce qui devient nécessaire toutes les fois que

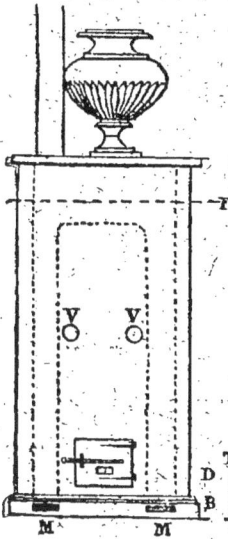 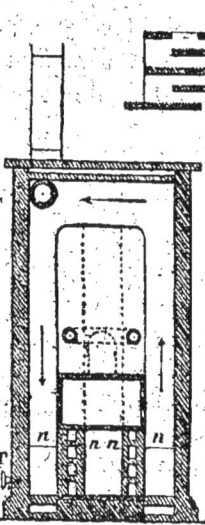 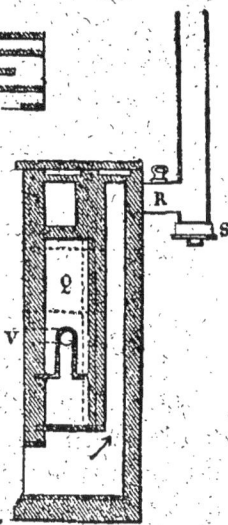

Fig. 79.   Fig. 80.   Fig. 81.

le volume d'air de la chambre n'est pas suffisant pour fournir à la fois à la consommation du foyer et à la circulation dans les tuyaux de chaleur.

La figure 82 est le plan de la fondation de l'âtre à la hauteur du poêle, sur la ligne B, fig. 79.

l l sont les parties vides pour recevoir et porter l'air dans les compartiments où il doit s'échauffer avant de sortir par les bouches de chaleur, soit qu'il arrive tout simplement par les ouvertures M M de la figure première.

(Fig. 83). Plan à la hauteur de la ligne D de la figure 79, c'est-à-dire au-dessus de la porte du foyer; *n n* sont les doubles plaques de fonte formant les compartiments dans lesquels l'air doit recevoir l'impression de la chaleur du foyer.

o o, le vide que ces plaques laissent entre elles.

(Fig. 80). Coupe en face sur la ligne I K, fig. 83. Les flèches indiquent la direction de la fumée dans les canaux de circulation de la partie antérieure.

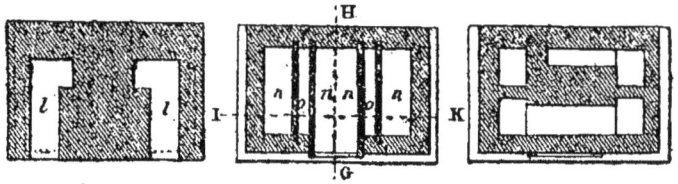

Fig. 82.   Fig. 83.   Fig. 84.

On y retrouve les plaques de fer *n n* dans leur situation verticale, avec les languettes qui en forment les compartiments de chaque côté du foyer. Une de ces plaques est représentée de face dans le groupe des figures 79 à 81.

T est une ouverture réservée au bas du quatrième canal de circulation pour établir, s'il est nécessaire, le tirage de l'air dans le foyer, en y brûlant quelques brins de papier ou autre léger combustible.

La porte de cette espèce d'appel ou de pompe à air doit fermer exactement. Il suffit, pour remplir cette condition, de tailler une portion de brique que l'on perce pour recevoir une poignée, et sur laquelle on fixe un morceau de fer battu en recouvrement.

(Fig. 84). Plan à la hauteur de la ligne F de la figure 79.

(Fig. 84). Coupe en travers sur la ligne G H de la figure 83, qui fait voir la hauteur du foyer et la première direction de la flamme.

V indique la disposition des tuyaux de chaleur. Les lignes ponctuées donnent le profil des cloisons qui forment les quatre grands canaux de circulation.

Le tuyau R, qui porte la fumée des canaux de circulation dans la cheminée, et dans lequel se trouve la clef qui sert à intercepter la communication, est un tuyau de poêle ordinaire en tôle ; mais il y aurait de l'avantage à n'employer, pour la partie dans laquelle joue la coulisse ou le disque obturateur, qu'une matière moins conductrice de la chaleur, par exemple un tuyau fait exprès en terre cuite.

Le coude formé par ce tuyau, pour aller gagner celui de la cheminée, indique que la première condition est que le corps du poêle soit entièrement isolé du mur, et à 25 centimètres du point le plus rapproché de la niche.

S est un prolongement du tuyau vertical qui entre dans la cheminée ; il est destiné à recevoir l'eau qui pourrait se condenser dans la partie supérieure, afin qu'elle ne pénètre point dans l'intérieur du poêle. Le couvercle qui termine ce prolongement donne la facilité de nettoyer le tuyau sans le démonter.

Les lignes ponctuées formant l'espace carré Q, indiquent la place où l'on peut pratiquer une niche ou une espèce de petite étuve qui remplace avantageusement le massif qui occuperait sans cela le même espace. Toutes ces figures étant tracées sur une même échelle, on n'aura pas de peine à conserver les proportions dans toutes les parties.

La construction de ce poêle n'est au surplus ni difficile ni dispendieuse; pour les parois extérieures, on n'a besoin que de carreaux de faïence, tels qu'on les emploie pour les poêles ordinaires, c'est-à-dire minces dans leur milieu, et portant un rebord tout autour, qui sert à leur donner plus d'assise. On les fixe également par une lame de métal en forme de ceinture. Le derrière peut être élevé tout simplement avec des briques; le vase placé sur la table de marbre ou de pierre qui le termine n'est qu'un ornement.

Dans le cas où l'on ne voudrait pas de bouches de chaleur, toute la construction de l'intérieur pourrait se faire avec des briques d'un échantillon convenable assemblées avec de la terre à four délayée, et posées de champ pour les canaux de circulation, sans autres fers qu'une plaque de fonte au-dessus du foyer; la porte et son châssis à la manière ordinaire.

La dépense qu'occasionne de plus l'établissement des bouches de chaleur se réduit aux quatre plaques de fonte portant languettes et rainures pour former les compartiments représentés fig. 83, tout le reste se fait avec de la tôle roulée et clouée, qui, une fois noyée dans la maçonnerie, ne peut laisser de fausses issues à l'air.

Les plaques de fonte, coulées à rainures, sont bien connues depuis que l'on a adopté les poêles à la Franklin. Si l'on était embarrassé de s'en procurer, il y a deux manières d'y suppléer.

La première, par des bouts de tuyaux de fonte que l'on place verticalement à côté l'un de l'autre, qui servent ainsi de parois intérieures au foyer, et communiquent de l'une à l'autre par de petits canaux *inférieurs* et supérieurs pratiqués en maçonnerie.

La seconde manière n'exige que des plaques ordinaires, c'est-à-dire unies, dont la fonte soit seulement assez douce pour souffrir le foret; on y perce des trous pour fixer, par des clous rivés, des lames de fer battu, pliées en équerre sur leur longueur, qui remplacent parfaitement les rainures et languettes en fer coulé. Comme elles ne sont jamais exposées à l'action de la flamme, il n'y a pas à craindre qu'elles se déjettent.

On jugera aisément que cette dernière méthode est la plus avantageuse, en ce qu'elle prend moins d'espace et cependant présente plus de surface pour recevoir l'impression de la chaleur et la communiquer à l'air circulant.

En terminant la description de ce poêle, l'auteur ajoute, que près de deux années d'expérience lui ont fait connaître les bons effets de ses proportions.

Il est placé dans une pièce qui tire ses jours, du côté du nord, qui a 47 mètres carrés environ de superficie, et dont le plafond est élevé de 4 mètres 25 centimètres.

On y brûle chaque jour, en une seule fois, une bûche de 28 à 30 centimètres de tour, sciée en trois, ou l'équivalent en bois de moindre grosseur. On ferme la coulisse de la porte du foyer, et on tourne la clef R, fig. 81, aussitôt que le bois est réduit en charbon. Dix heures après, on jouit encore, dans toute la pièce, d'une température au-dessus de la moyenne; et le thermomètre centigrade placé à 36 centimètres de distance des côtés du poêle, s'élève rapidement à 16 ou 17 degrés.

Pour faire mieux connaître à quel point on peut porter, pour cette construction, l'économie du combustible et la conservation de la chaleur, l'auteur rapporte encore une expérience qu'il a répétée en plusieurs circonstances et qui lui a toujours donné, à très peu près, les mêmes résultats.

Le thermomètre étant dans la pièce entre 9 et 10 degrés (il n'y avait pas eu de feu la veille), on mit dans le foyer, à l'ordinaire, la bûche sciée en trois, vers les onze heures du matin ; et à 3 heures de l'après-midi, on y remit la même quantité de combustible.

Le thermomètre, placé à la distance ci-dessus indiquée, marquait :

à 4 heures . . . . 42 degrés.
à 5   —   37   —
à 7   —   34   —
à 9   —   31   —
à minuit 26   —

On ne pouvait encore poser la main sur le métal qui fait la bordure des bouches de chaleur. La boule du thermomètre ayant été placée vis-à-vis l'une de ces bouches, à 8 centimètres environ de distance, il s'éleva, en quatre minutes, à 35 degrés.

Le lendemain, à 9 heures du matin, le thermomètre, qui avait été replacé à la même distance de 35 centimètres, était à 22 degrés.

Enfin, à midi, c'est-à-dire vingt et une heures après qu'on eut cessé d'y remettre du bois, dix-huit après que l'on eut tourné la clef, tout étant réduit en charbon, le thermomètre se tenait entre 18 et 19 degrés. On le présenta alors à 2 centimètres seulement de distance de l'une des bouches de chaleur, en moins de six minutes il s'éleva à 26 degrés.

Cloches à lames, système GURNEY, etc.

Nous avons déjà eu l'occasion en parlant des tuyaux d'indiquer la meilleure forme pour utiliser toute la chaleur qui y est entraînée. Ce sont des tuyaux de fonte dont la surface serait garnie de nervures nombreuses et rapprochées. C'est évidemment l'application de ce principe qui a guidé M. Gurney dans la construction d'un appareil dont les qualités sont constatées aujourd'hui par l'expérience. C'est une cloche formée par un cylindre en fonte de fer armé intérieurement dans toute sa hauteur de nombreuses nervures ou ailettes verticales dirigées dans le sens des rayons. Ces nervures sont également en fonte comme le cylindre avec lequel elles font corps, très rapprochées les unes des autres.

Ce cylindre est à dilatation libre dans le sens du diamètre et à cet effet il est formé de plusieurs parties qui s'articulent très solidement entre elles, tout en laissant un certain jeu dans les assemblages. Deux ouvertures avec portes, servent l'une dans la partie supérieure pour introduire le combustible; l'autre dans le bas pour l'allumage. Le cylindre est surmonté d'un chapiteau, percé d'une ouverture à laquelle s'adapte le tuyau de fumée. Enfin ce cylindre se pose au-dessus et sur un rebord intérieur de la cuvette en fonte dans laquelle on fait arriver par un conduit de l'air pris à l'intérieur; autour de cette cuvette est disposé, en forme de large gouttière, un réservoir annulaire qu'on remplit d'eau dans la-

quelle plongent les ailettes ; il s'y fait une large évaporation qui humecte l'air chauffé et l'assainit.

Toutes ces conditions réunies en font un excellent
appareil, susceptible, suivant sa grandeur, de chauffer aussi bien de petites pièces que de vastes salles.

L'appareil que nous venons de décrire n'est pas le

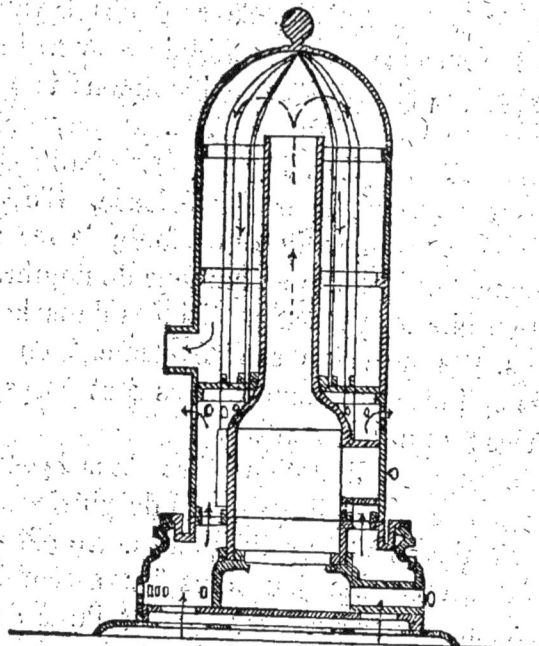

Fig. 85.

seul modèle où cette forme à ailettes ou nervures ait
été adoptée. De nombreux constructeurs, MM. Cuau,
Giraudeau et Jalibert, etc., l'ont également employée
avec des modifications additionnelles perfectionnant
encore cette application. Le système Giraudeau et
Jalibert, fig. 85, est composé d'une cloche en fonte
avec foyers à nervures, qui se prolonge par un ap-

pendice jusqu'au sommet de la cloche à nervure,
divisée en deux parties, l'une partant du sommet
jusqu'au niveau de la cloche même dans laquelle
l'air brûlé redescend pour s'échapper à la partie inférieure par le tuyau ; l'autre partant de ce niveau
jusqu'au sol et formant une chambre pour échauffer l'air de la pièce qui vient baigner le foyer et
s'échappe pár de petites ouvertures formant bouche
de chaleur, en même temps qu'il s'y ajoute de l'air
directement appelé du dehors.

M. Cuau emploie non plus des lames simples, mais
des ailettes creuses, où circule l'air appelé et déversé
dans la pièce pour en entretenir le renouvellement.

Appareil de chauffage au coke, de la compagnie parisienne du gaz.

Le coke est un combustible économique, il brûle
avec une faible quantité d'air, ce qui permet d'éviter
l'énorme perte de chaleur donnée par bien des
foyers. Seulement son emploi dans les appareils ordinaires est difficultueux. La Compagnie Parisienne
du gaz construit des poêles spéciaux permettant
d'employer ce combustible avec tous ses avantages.

La figure 86 en montre une coupe faite suivant
l'axe.

Le foyer de combustion est formé par un cylindre
en fonte ouvert par le bas ; la grille en fonte *a b* pose
sur des taquets que porte le cylindre. Un couvercle
en fonte F, dont le contour s'engage dans une rainure *c d* pleine de sable forme le haut du cylindre.
Les produits de la combustion s'échappent par la
tubulure *o* dans le tuyau T.

Le cylindre A est enveloppé d'un second cylindre en fonte H fermé par un couvercle G, d'une façon analogue au cas précédent. Il a pour effet principal de ne pas laisser l'air de la pièce en contact direct avec les parois du foyer. Ce cylindre enveloppe porte une ouverture E fermée hermétiquement par une plaque en fonte qui peut s'ouvrir en tournant autour de l'axe N, et qui permet de tisonner la grille. Une seconde ouverture D donne accès au cendrier, et au passage de l'air nécessaire à la combustion, dont l'accès se règle à volonté.

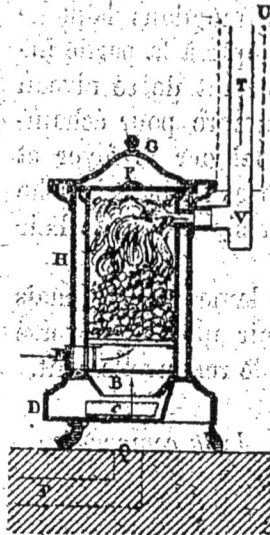

Le chargement se fait par le sommet en enlevant les deux couvercles.

Dans le cas du chauffage d'une grande salle habitée par un nombreux personnel, on établit une ventilation à l'aide d'un conduit P Q venant du dehors.

Il existe cinq grandeurs de ce modèle. Voici à leur sujet quelques renseignements :

Hauteur totale.	Consommation par heure.	Capacité chauffée à 15°.
1.10	2lit. 1/2	700m3.
1.10	2	600
1.06	1 . 3/4	250
1.00	1 . 1/2	200
0.94	1 .	100

Poêle Phénix de WALKER.

Le principal avantage de cet appareil que la figure 87 montre en coupe, c'est de pouvoir marcher indéfiniment, et de n'exiger de nouvelles charges de combustible qu'à des périodes très éloignées.

Il se compose d'une enveloppe de fonte L entourant le foyer N formé par un tronc de cône en fonte avec une grille G, montés sur une base octogonale où est le cendrier B; le tout recouvert par un couvercle R, portant un rebord qui se loge dans une rainure garnie de sable.

Une porte E garnie d'une feuille de mica, sert à observer la marche du feu, un petit registre C sert à régler l'appel d'air.

Un tronc de cône renversé K reposant sur le rebord supérieur est suspendu dans l'appareil et débouche un peu au-dessous du niveau médian du foyer. On le remplit de combustible qui s'échauffe lentement et alimente d'une façon continue le foyer.

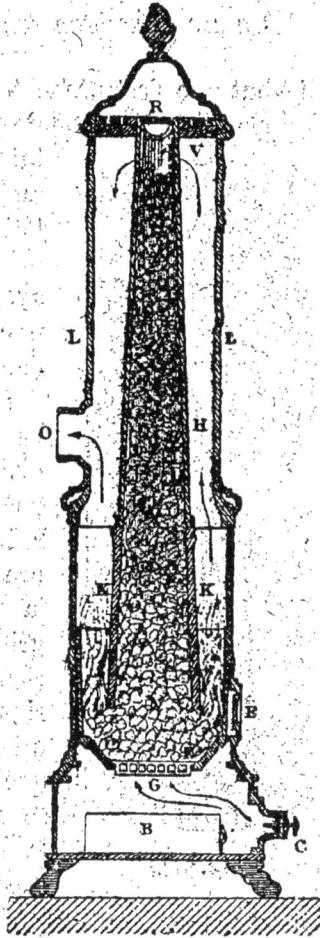

Fig. 87.

Cet appareil peut donner une bonne température d'une élévation moyenne et régulière pendant dix-huit heures.

Brasero Mousseron sans tuyau ni cheminée.

Le but que s'est proposé l'inventeur a été d'obtenir un appareil brûlant totalement le combustible qu'on lui confie, sans donner lieu à aucun dégagement de gaz délétères, par suite il a pu supprimer toute communication avec l'extérieur et arriver à une économie très grande dans la dépense.

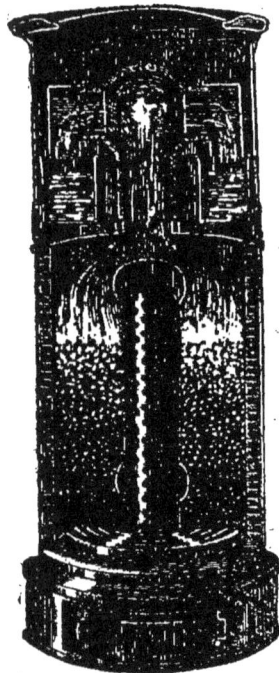

La figure 88 montre cet appareil en coupe. La capacité cylindrique de cette sorte de poêle est doublée en briques réfractaires et sert de chambre de combustion, limitée à la partie inférieure par une grille circulaire, et à la supérieure par une calotte sphérique en tôle consolidée par un rang de briques sur lesquelles vient reposer un réservoir d'eau annulaire. Sur la grille s'appuie, de façon à occuper l'axe de l'appareil,

Fig. 88.

une cloche en fonte percée de trous par l'intérieur de laquelle l'air pénètre dans le combustible. Il arrive ainsi extrêmement divisé et assure une combustion complète en tous les points ; il ne se produit pas d'oxyde de carbone. C'est là le point important, puisqu'il suffit de traces de ce gaz dans une atmosphère pour la rendre mortelle.

Les gaz provenant de la combustion s'échappent au sommet de la cloche par un tuyau en T qui vient les déverser sur toute la surface de la nappe d'eau où ils sont absorbés, ce qui assure un bon tirage, et en même temps fait qu'il ne s'en dégage pas dans la pièce.

Poêle à tuyau renversé.

L'inclinaison des tuyaux vers le bas n'empêche point le tirage ; on peut même les renverser et donner au conduit toutes les inflexions possibles, sans que cela fasse fumer, lorsque le tirage est établi à l'aide d'un fourneau d'appel. En effet, il est facile de reconnaître que cela doit avoir lieu, si on se rappelle ce que nous avons dit, article 2, chapitre II, que le tirage dépend, en dernière analyse, de la différence de hauteur entre le point où l'air entre dans le foyer et celle où il sort de la cheminée, et de la différence de température.

On fait actuellement beaucoup de poêles qu'on place au milieu d'une pièce, d'un café, etc., dont le conduit pour la fumée est recourbé pour le faire passer sous le carrelage, et aller gagner le tuyau de la cheminée ; de sorte qu'il n'y a aucune apparence de tuyaux. Ces poêles sont disposés de la manière suivante : l'intérieur est partagé en deux parties ; la première g (fig. 89) est le foyer ; la seconde, h, est un conduit destiné au passage de la fumée. Ces deux parties sont séparées par une cloison $c\,d$, qui s'élève du fond jusqu'à 8 ou 10 centimètres de la partie supérieure du poêle. Au-dessous du sol est un autre conduit horizontal *f*, communiquant à celui *h*, et qui aboutit au tuyau de la cheminée. La fumée, après avoir frappé la partie supérieure du poêle, redescend dans le conduit *h* et se rend dans le canal *f*, et de là dans le tuyau de la cheminée.

a b est la porte par laquelle est introduit le combustible, elle a un soupirail *b* à sa partie inférieure, pour laisser passer l'air nécessaire à la combustion, qui doit toujours arriver au-dessous du combustible.

Il est préférable de faire ce poêle en tôle ou en

Fig. 89.

fonte; et, si on le trouve plus agréable, on pourra le revêtir de faïence. Mais il est indispensable, pour ne pas tomber dans l'inconvénient indiqué, de réserver un espace entre la fonte et l'enceinte de faïence, dans lequel on amènera, au moyen d'un conduit, de l'air extérieur qui s'échauffera et se répandra dans la pièce au moyen de bouches de chaleur; quelquefois on prend l'air froid dans le bas de la chambre par des ouvertures conservées dans le socle du poêle; cet air, en s'échauffant, tend à s'élever et à sortir par les bouches de chaleur placées vers le haut du poêle; il s'établit ainsi une circulation qui ajoute à la chaleur utilisée, mais l'effet obtenu par ce moyen n'est pas assez sensible; il vaut beaucoup mieux, sous le rapport de la quantité de chaleur obtenue et de la salubrité, faire arriver l'air du dehors.

Poêle en terre réfractaire, système de M. E. MULLER, par M. D'ANTHONAY.

L'inconvénient principal que présente l'emploi des poêles en fonte est le dégagement d'une certaine quantité d'oxyde de carbone, aussitôt que le métal est chauffé au rouge sombre, condition d'insalubrité, surtout dans les locaux mal aérés.

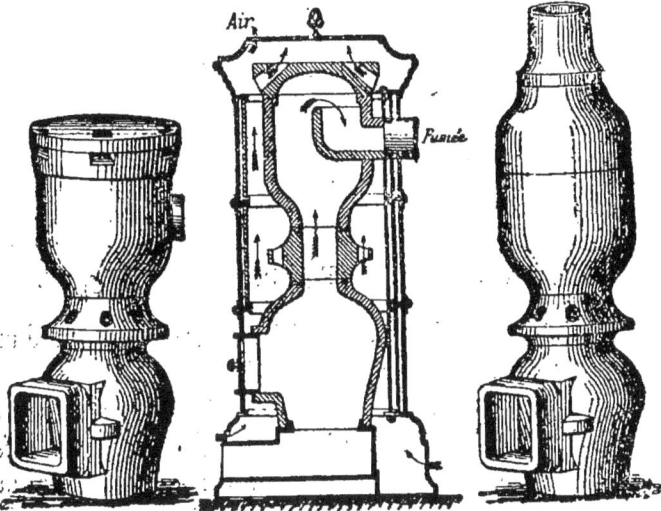

Fig. 90.   Fig. 91.   Fig. 92.

Pour éviter cet inconvénient, M. Muller a imaginé de construire des poêles entièrement en terre réfractaire. L'appareil que la figure 91 montre en coupe, se compose d'une double cloche en terre réfractaire, enfermée dans une enveloppe métallique. Les flèches tracées sur la figure permettent de suivre la marche de l'air tant dans l'appareil de combustion proprement dit que dans l'enveloppe qui le garnit.

Ces cloches sont établies à volonté, comme on voit fig. 90 et 92, avec une tubulure latérale ou verticale pour conduire la fumée dans le tuyau d'échappe-

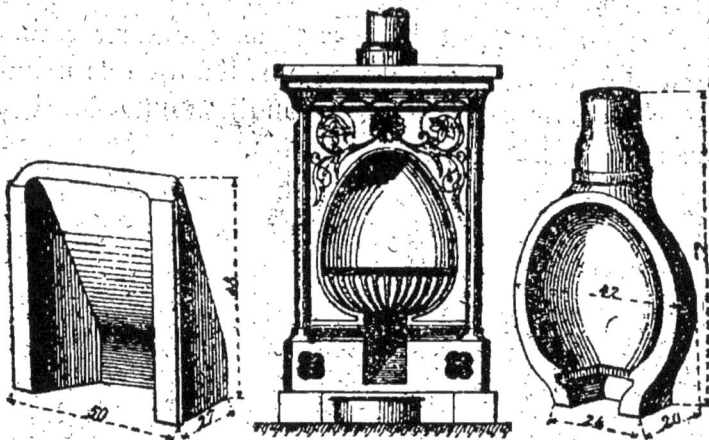

Fig. 93.   Fig. 94.   Fig. 95.

ment. Cette dernière disposition permet de mieux utiliser la chaleur emportée par l'air brûlé.

M. Muller construit également des intérieurs de cheminée en terre réfractaire pour les substituer aux appareils en fonte où l'on brûle du coke ou de la houille.

Les figures 93 à 95 montrent l'appareil; et la figure 94 une cheminée installée avec l'un d'eux.

Poêle de M. J.-B. Morin.

Cet exemple que nous donnons est non-seulement intéressant comme type d'appareil, mais de plus, l'auteur a, au sujet de son invention, étudié d'une façon très judicieuse les conditions générales de tout bon chauffage et les moyens de les résoudre. Le travail que nous reproduisons ici contient de plus des renseignements pratiques qui seront fort utiles pour tous ceux qui voudront établir une installation d'une façon rationnelle.

Les principes de la combustion sont tellement positifs, que les résultats que l'on doit obtenir par leur application, devraient être constamment les mêmes.

Cette uniformité dans les résultats ne peut toutefois être produite qu'autant qu'on réunit les différentes circonstances qui doivent accompagner la combustion, autant en théorie que dans la pratique; ce n'est donc que par la combinaison de tous les éléments, de leurs rapports réciproques, qu'on peut arriver aux résultats prévus.

Il faut, en conséquence, suivre exactement les règles de la théorie pour atteindre le maximum des avantages qu'elle promet.

Dans ce but, en combinant tous les principes établis, nous allons fixer les conditions de construction de chaque calorifère pour qu'il puisse produire les résultats attendus.

Ces conditions de construction doivent généralement être toujours les mêmes, quelle que soit la destination du calorifère que l'on construit, excepté dans certains cas impérieux, comme nous l'expliquerons plus tard.

Les conditions à accomplir sont :

1° De chauffer l'air de l'appartement sans le changer ou de le remplacer par de l'air pris extérieurement, et, dans l'un et l'autre cas, d'en employer une partie pour la combustion ;

2° D'entretenir une chaleur égale dans toutes les parties de l'appartement ;

3° D'employer exclusivement la fonte pour la surface de chauffe ;

4° De construire chaque calorifère de manière à ce que toutes ses parties, comme surface de chauffe, grille, cendrier, quantité de combustible, soient en rapport avec la capacité de l'air à chauffer, ainsi qu'avec le degré de chaleur auquel doit arriver cet air dans un temps donné ;

5° Que les conduits de la fumée se puissent nettoyer facilement ;

6° Que l'air à moitié brûlé et la fumée doivent circuler dans un même conduit, brisé autant que possible, pourvu toutefois que cela n'altère pas le tirage ;

7° De conserver aux conduits une position verticale ;

8° Que l'air à chauffer, soit qu'on le prenne dans l'appartement ou au dehors, environne les conduits de la fumée et la surface de chauffe, de manière à pouvoir se renouveler avec une vitesse convenable pour absorber toute la chaleur qui émane de ces surfaces ;

9° Que dans les circonstances ordinaires le combustible donne 79 % pour le chauffage de l'appartement et 21 % pour le tirage ;

10° Enfin, que chaque calorifère soit d'une application facile à tous les emplois auxquels on le destine ; que de plus, il soit transportable, qu'il occupe peu d'espace, qu'il soit à l'abri du danger du feu et du désagrément de la fumée.

Toutes ces conditions sont indépendantes des formes extérieures, qui varient selon le goût ou les localités.

Nous citerons quelques exemples pour donner l'idée du développement technique de ces théories et faire connaître le mode de construction pour chaque cas particulier.

Chaque calorifère doit être composé de deux parties distinctes :

1º De la partie intérieure ou corps, qui contient le cendrier, la grille, le foyer, les surfaces de chauffe ;

2º De la partie extérieure ou de l'enveloppe qui entoure le corps et qui doit pouvoir en être facilement séparée.

Du corps.

La construction du corps doit être déterminée par la capacité de l'air à chauffer dans un temps et à un degré donnés, comme aussi de l'espèce de combustible qu'on veut employer. Nous adopterons pour point de départ de notre application 30 degrés centigrades de chauffage pour les différentes capacités des pièces à chauffer et par heure, indiquant le mode de construction des calorifères qui devront produire ce résultat.

La table suivante indique les différentes dimensions à donner au corps ou partie intérieure.

TABLE N° 1.

Contenant les différentes dimensions du corps, l'espèce de combustible, ainsi que la quantité d'air nécessaire pour la combustion, afin de chauffer, par heure, un appartement à 30 degrés centigrades.

CAPACITÉ de l'appartement en mètres cubes.	ESPÈCE de combustible.	QUANTITÉ de combustible en kilogr.	SURFACE DE CHAUFFE en décim. carrés.	SURFACE DE LA GRILLE en décim. carrés.	AIR NÉCESSAIRE pour la combustion en mètres carrés.
50	houille.	0.1612	40	0.403	3.22
	coke.	0.1454		0.415	2.61
	bois sec.	0.1630		0.329	2.63
	charbon de bois.	0.1325		0.377	1.38
75	houille.	0.2418	60.7	0.604	4.83
	coke.	0.2181		0.633	3.92
	bois sec.	0.3945		0.492	3.94
	charbon de bois.	0.1987		0.551	3.57
100	houille.	0.3225	81.4	0.680	6.45
	coke.	0.2908		0.830	5.23
	bois sec.	0.5250		0.657	5.26
	charbon de bois.	0.2650		0.753	4.77
125	houille.	0.4031	101.7	1.007	9.67
	coke.	0.3635		1.038	6.54
	bois sec.	0.6475		0.821	6.77
	charbon de bois.	0.3312		1.129	5.96
150	houille.	0.4837	122.1	1.209	9.67
	coke.	0.4362		1.246	7.85
	bois sec.	0.7890		0.985	7.89
	charbon de bois.	0.3975		1.129	7.15

CAPACITÉ de l'appartement en mètres carrés.	ESPÈCE de combustible.	QUANTITÉ de combustible en kilogr.	SURFACE DE CHAUFFE en décim. carrés.	SURFACE DE LA GRILLE en décim. carrés.	AIR NÉCESSAIRE pour la combustion en mètres carrés.
200	houille.	0.6450		1.612	12.90
	coke.	0 5816	162.8	1.661	10.46
	bois sec.	1.0520		1.314	10.52
	charbon de bois.	0.5300		1.506	9.54
300	houille.	0.9675		2.418	19.35
	coke.	0.8724	244.2	2.492	15.75
	bois sec.	1.5780		1.971	15.78
	charbon de bois.	0.7950		2.259	14.21
400	houille.	1.2900		3.224	25.80
	coke.	1.1600	325.6	3.323	20.93
	bois sec.	2.1040		2.628	21.04
	charbon de bois.	1.0600		3.012	19.08
500	houille.	1.6120		4.030	32.25
	coke.	1.4540	407	4.154	26.17
	bois sec.	2.6300		3.281	26.30
	charbon de bois.	1.3250		3.765	23.86

Les dimensions indiquées dans la table qui précède, sont indispensables pour établir le maximum d'effet utile sans avoir égard à l'effet nuisible.

Les vitres qui éclairent les appartements absorbent une quantité quelconque de chaleur qu'il est nécessaire de remplacer pour maintenir le degré de température voulu.

Ainsi, comme un mètre carré de surface de vitres absorbe pendant une heure 300 unités de chaleur, en

Poêlier-Fumiste. 14

supposant qu'il existe une différence de 30 degrés centigrades entre la température du dedans et celle du dehors, nous aurons la table n° 2, qui établit pour chaque mètre carré de surface de vitres, le calcul de ce qu'il faut ajouter à la table n° 1, pour la capacité de chaque appartement.

TABLE N° 2.

SURFACE DES VITRES en mètres carrés.	ESPÈCE de combustible.	QUANTITÉ de combustible en kilog.	SURFACE DE CHAUFFE en décim. carrés.	SURFACE DE LA GRILLE en décim. carrés.
1	houille. . . .	0.096	10	0.29
	coke. . . .	0.087		0.30
	bois sec. . .	0.157		0.24
	charbon. . .	0.079		0.27
2	houille. . . .	0.193	20	0.58
	coke. . . .	0.174		0.60
	bois sec. . .	0.315		0.48
	charbon. . .	0.159		0.54
3	houille. . . .	0.290	30	0.87
	coke. . . .	0.261		0.90
	bois sec. . .	9.473		0.72
	charbon. . .	0.238		0.87

Exemple :

Ayant à chauffer, par heure, un appartement de 100 mètres cubes, à 30 degrés, et les vitres présentant une surface de 4 mètres, nous aurons pour la houille :

Kilog. de houille.	Décim. carrés de surface de chauffe.	Décim. carrés de la grille.
0.3225	81.4	0.806
0.3840	41.0	0.960
Total. 0.7065	122.4	1.766

On devrait donc brûler, dans ce même calorifère, 8,478 kilogrammes de houille pour entretenir une constante température de 30 degrés centigrades.

Il est bon d'observer que la surface de chauffe qui est exposée au rayonnement du combustible fait passer trois fois autant de chaleur que la surface qui n'est exposée qu'au contact du couvert de la chaleur. Ainsi, dans l'exemple ci-dessus, supposant le 1/8 de la surface de chauffe, c'est-à-dire $\frac{121.4}{8} = 15,1$ décimètres carrés, exposé au rayonnement, et $121,4 - 15,1 = 106,3$ décimètres carrés seulement en contact de la chaleur, alors, pour développer le même degré de chaleur dans l'appartement, il ne faudra qu'une surface de chauffe de $= 71,2$ décimètres carrés.

Le développement de la surface de chauffe est établi sur le principe que chaque mètre carré de surface de fonte, placé dans la position la plus convenable, fait passer 300 unités de chaleur par heure ; et comme l'appareil que nous décrivons a pour but de retirer 79 pour cent de chaleur de chaque espèce de combustible, le développement de la surface de chauffe devra être en rapport avec le combustible qu'on doit brûler. Par exemple, un kilog. de houille produit 6000 unités de chaleur, pour en employer utilement 4752 et en faire passer dans la cheminée 1248 pour entretenir le tirage ; alors la surface de chauffe doit être de 1,584 mètres carrés pour chaque kilogramme de houille. La table n° 1 est calculée sur cette base.

Ce calcul assure un tirage assez grand pour tous les appartements, car la vitesse de l'air sera de 1,5 mètre par seconde et il s'échappera avec 130 degrés centigrades de chaleur.

De l'enveloppe.

L'enveloppe et ses dimensions constituent la partie la plus essentielle d'un calorifère, car le corps, même chauffé à la plus haute température, ne pourrait communiquer utilement sa chaleur si on ne lui donne pas une enveloppe susceptible d'absorber cette chaleur.

Il est démontré que chaque corps chauffé communique lentement sa chaleur, ne chauffe les corps environnants qu'en raison de leur distance, et que ce même degré de chaleur ne peut s'établir partout.

Cette communication de chaleur d'un corps à l'autre s'établit avec plus de rapidité si les deux corps mis en contact diffèrent beaucoup de température.

D'un autre côté, si on n'absorbe pas promptement la chaleur d'un corps ou foyer chauffé à une haute température, cette chaleur concentrée à l'intérieur sera emportée par l'air qui traverse le combustible et se perdra dans le conduit de la fumée.

La condition essentielle est donc d'absorber avec vitesse la chaleur du corps intérieur pour qu'il puisse en acquérir une nouvelle du combustible et la communiquer rapidement et avec suite à son enveloppe qui à son tour la répand dans l'appartement.

C'est pour arriver à ce but que M. Morin a disposé son enveloppe de manière à ce que l'air froid y pénètre par la base ; qu'en remontant entre les deux parties du calorifère, il absorbe la chaleur du corps intérieur et la répande autour de l'appareil en sortant par le haut.

En effet, un mètre de surface de chauffe fait passer dans une heure 300 unités de chaleur, qui peuvent chauffer 200 mètres cubes d'air à 15 pour 100. Mais pour cela il faut trouver moyen d'absorber la chaleur du corps intérieur. Ainsi, en faisant passer, comme nous l'avons déjà dit, 200 mètres cubes d'air par heure, cet air froid pourra facilement prendre la chaleur du corps intérieur. Il convient pour cela qu'il passe 55,5 décimètres cubes d'air par l'enveloppe, en sorte que l'espace qui la sépare du corps intérieur doit être 55,5 décimètres carrés de section, en supposant à l'air une vitesse de un mètre par seconde.

On absorbera beaucoup mieux la chaleur du corps intérieur en faisant passer, deux fois par heure, l'air à chauffer entre ce corps intérieur et l'enveloppe ; il en résultera un chauffage plus prompt dans l'appartement, quoiqu'à un moindre degré, et, dans ce cas, la vitesse de l'air étant d'un mètre par seconde, l'espace entre l'enveloppe et le corps sera de 11,1 décimètres carrés de section.

Il est rigoureusement nécessaire que l'enveloppe soit placée à la distance que nous venons d'indiquer, car si elle se trouvait plus rapprochée, elle s'échaufferait trop et réfléchirait sa chaleur contre le corps intérieur sans que l'air qui circule entre eux suffise à l'absorber, et cette chaleur serait emportée avec le courant d'air nécessaire à la combustion dans le conduit de la fumée. D'un autre côté, si l'enveloppe se trouvait trop éloignée du corps, on n'obtiendrait pas un courant d'air assez rapide pour absorber et répandre dans l'appartement la chaleur du corps intérieur.

La même exactitude de mesures doit être observée pour les conduits de la fumée, ils doivent être placés de manière à ce que l'espace qui les sépare soit double de celui qui existe entre le corps intérieur et l'enveloppe pour que leur rayonnement mutuel n'influe pas sur l'absorption de la chaleur par le courant d'air.

L'air, ainsi que nous l'avons dit déjà, doit entrer par-dessous et sortir par le haut de l'enveloppe au moyen d'ouvertures ou bouches de chaleur; ainsi, en partant des mêmes données que ci-dessus, chaque mètre carré de surface de chauffe exige une section d'ouverture de 11,1 décimètres carrés, tant pour le bas que pour le haut.

TABLE N° 3.

Indiquant l'espace entre le corps et l'enveloppe, ainsi que la section des ouvertures de l'entrée et de la sortie de l'air pour chaque mètre carré de la surface de chauffe, en supposant une chaleur de 15 degrés centigrades pendant trente minutes.

SURFACE de chauffe en mètres carrés.	CAPACITÉ de l'enveloppe du corps en décimètres carrés.	SECTION DE L'OUVERTURE pour l'air en décimètres carrés.	
		Entrée de l'air.	Sortie de l'air.
1	111,0	11.1	11.1
2	222,0	22.2	22.2
3	333,0	33.3	33.3
4	444,0	44.4	44.4
5	555,0	55.5	55.5

Les trois tables ci-dessus donnent les diverses dimensions d'après lesquelles doivent être construits tous les calorifères pour pouvoir économiser 79 % du combustible employé pour un chauffage à 30 degrés centigrades.

Les exceptions mentionnées plus haut, et qui peuvent occasionner quelques changements dans la construction, auront lieu dans divers établissements ou appartements où l'on voudra le renouvellement de l'air au détriment du combustible; alors la quantité du combustible à brûler est en rapport avec la quantité d'air que l'on changera dans un temps donné, et l'on trouvera également dans nos tables les dimensions à donner à toutes les parties du calorifère.

La respiration d'un seul homme nécessite par heure

$$6,937 \text{ mètres cubes d'air.}$$

L'éclairage d'une flamme $\underline{0,800}$ *Idem.*

$$7,737$$

Supposant un appartement dans lequel se trouvent cent hommes et huit flammes d'éclairage pendant douze heures, on aura besoin de $603,7 \times 6,4 = 700,1$ mètres cubes d'air à échanger dans deux heures ou 350 mètres cubes par heure : cette opération oblige à brûler 19,4 kilog. de houille, toutes les dimensions du calorifère étant telles d'ailleurs qu'elles sont indiquées à la table n° 1, pour cette quantité de houille; nous ferons observer cependant que 19,4 kilog. donnent 921888 unités de chaleur, qui suffiraient pour chauffer à 30 degrés centigrades un appartement de 960,3 mètres cubes; alors on pourra utiliser cette dépense de combustible pour chauffer les appartements voisins en ne changeant l'air que dans celui où cela est nécessaire.

Ces observations s'appliquent aussi à tous les calorifères de cuisine, dont on peut utiliser de la même manière le calorique qui s'échappe en pure perte.

Application.

Fig. 96 et 97. Poêle ordinaire pour chauffer à 30° centigrades et à feu fermé un appartement de 100

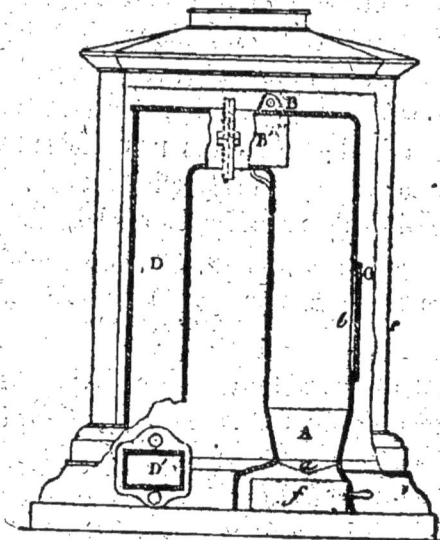

Fig. 96.

mètres cubes; la surface de vitesse est de 1 mètre carré; l'air doit être pris de l'intérieur de l'appartement; le combustible est de la houille, et la chaleur doit être entretenue pendant douze heures au même degré. D'après les tables, la surface de chauffe est de 161,4 décimètres cubes.

décim. cubes.

La surface de la grille. 1.0
La capacité entre l'enveloppe et le corps. 170.1

Les ouvertures pour l'entrée et la sortie décim. cubes.
de l'air. **17.9**

Le combustible à brûler dans les douze heures,
13 kilog.

A, foyer ; *a*, grille ; *b*, porte pour charger le combustible : elle est fermée par une plaque en fonte G ;
vis-à-vis de cette porte est une autre porte *e* attenante
à l'enveloppe ; *f*, boîte à recevoir les cendres.

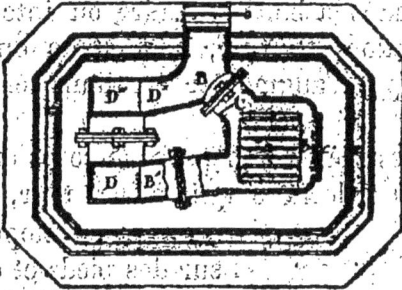

Fig. 97.

A la partie supérieure du foyer, faisant partie du
corps, sont deux conduits de fumée B, B', dont le
premier porte un registre *c*, qu'on peut régler par
une clef sortant à l'extérieur.

L'autre tuyau B' communique avec d'autres conduits de fumée D, D', D'' D''', jusqu'à la sortie de l'enveloppe, pour s'échapper de la cheminée ; dans le
tuyau, qui est adapté à celui D'', il y a un second
registre qui ressort aussi à l'extérieur et qui sert
à fermer entièrement le poêle quand on a assez de
chaleur.

Le conduit B communique avec le conduit D''', et
cette disposition a pour but de faciliter à la fumée sa
sortie avec un fort tirage en ayant soin d'ouvrir le

registre *c* au moment où on allume le feu et avant que les autres conduits soient chauffés. Lorsque la chaleur s'est communiquée à tous, le courant de fumée s'établit dans les tuyaux D', D'', D''', en fermant le registre *c*.

Les conduits sont fermés du haut et du bas par de petites plaques en fonte à coulisse qui permettent de les nettoyer facilement.

Le cendrier est tellement enveloppé par le corps, qu'en fermant la boîte à cendre on intercepte toute communication de l'air, comme en ouvrant cette boîte, on peut augmenter ou diminuer le tirage à volonté.

Toutes ces pièces composent le corps ou partie intérieure du calorifère qui, à son tour, est entouré par une enveloppe reposant sur des pieds et ouverte par le bas et par le haut. Si l'on voulait employer l'air extérieur pour absorber et répandre dans l'appartement la chaleur du corps, on fermerait l'enveloppe par le bas et on introduirait l'air du dehors par les conduits dont nous avons donné plus haut les dimensions.

Figures 98 et 99, cheminée ou calorifère à foyer ouvert, construite pour les mêmes localités que le poêle.

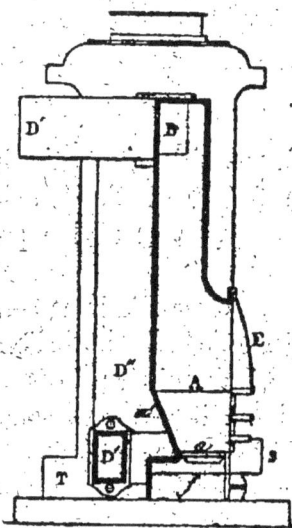

Fig. 98.

A, foyer; *a* grille; *f*, boîte à cendres; *a'*, grille du devant, dépassant le calorifère. Dans le haut du foyer sont deux ouvertures B, B' desquelles partent les tuyaux D, D', D'', D''', dont la disposition est à peu près la même que dans le poêle avec deux registres C et B.

L'enveloppe peut être ouverte par le bas comme en S, ainsi qu'il est indiqué fig. 98, pour faire circuler

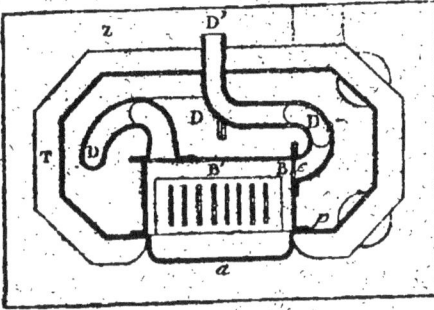

Fig. 99.

l'air de l'appartement; ou fermée si l'on veut avoir l'air du dehors qui alors pénètre par les tuyaux Z, Z, Z; les registres et les ouvertures du bas de l'enveloppe permettent donc de faire circuler à volonté l'air de l'appartement ou d'attirer celui du dehors.

Systèmes divers dits poêles mobiles.

Depuis quelques années, l'industrie a produit des modèles assez nombreux de poêles désignés chacun spécialement par un nom spécial : poêle mobile ou de Choubersky, calorifère français, calorifères irlandais, américain, roulant, etc., que nous rangeons sous la dénomination générale de *poêles mobiles*, car c'est surtout sous ce point de vue particulier qu'ils ont été présentés tous au public, comme offrant des caractères remarquables.

Le principe sur lequel reposent les appareils en question est le même, à savoir : une disposition de poêle à enveloppe, avec une cloche intérieure contenant le combustible, où les entrées de l'air sont disposées de façon à ce qu'une fois la combustion mise en train, il ne pénètre que la quantité d'air absolument nécessaire à l'entretien de la combustion, sans que toutefois celle-ci puisse se faire incomplètement et donne lieu à la production de gaz délétères ; ces appareils sont en outre disposés de manière que cette combustion puisse durer aussi longtemps que le comporte la quantité de combustible placé à l'intérieur sans qu'on ait besoin d'entretenir la marche de l'appareil.

Il est facile, en se reportant à tout ce qui précède, de concevoir les divers artifices employés pour réaliser ce but.

Cette continuité de marche permet d'entretenir une température très uniforme, en même temps qu'il devient facile avec un poêle chargé une fois pour toutes le matin, de chauffer différentes pièces dans la même journée. Aussi ces appareils sont-ils tous disposés sur une base à roulettes permettant de les transporter facilement d'un point à un autre.

En principe il n'y a aucune objection à élever contre ce mode de chauffage, surtout s'il est employé avec discernement, et nous croyons utile à ce sujet d'attirer l'attention des lecteurs sur ce point particulier. On ne doit pas oublier que de tels appareils ne sauraient jamais être utilisés sans danger, qu'à la condition expresse que le tuyau plus ou moins long qu'ils portent, ne soit toujours placé débouchant dans un conduit allant jusqu'au dehors. Sans cela, on court un risque à peu près certain de laisser dégager

dans la pièce un peu de gaz oxyde de carbone, qui
bien que se dégageant en très faible quantité se
produit toujours un peu. Et l'on sait qu'il suffit
qu'une atmosphère en renferme en quelque sorte des
traces pour devenir mortelle. Quelques tristes accidents ont, hélas, marqué l'emploi de ces appareils dès
le début. Nous croyons que c'est plutôt à la manière
d'en user, qu'à l'appareil lui-même qu'il les faut
rapporter. Seulement cette facilité de déplacement
est si grande, qu'elle conduit un peu à l'oubli de ces
précautions indispensables qu'il ne faut jamais perdre
de vue.

Nous recommandons également de ne jamais abu-
ser de la fermeture de la clef qui termine le petit
tuyau d'évacuation du poêle. On arrive ainsi à
diminuer tellement le tirage que la combustion devient incomplète, et qu'on se place dans des conditions fatalement nuisibles. Mieux vaut brûler son
combustible un peu trop vite, et risquer de voir la
température baisser vers la fin de la nuit, que de
risquer sa vie.

L'usage de ces poêles tend à prendre une extension
de plus en plus grande, et la raison en est facile à
comprendre. Ces appareils légers, de forme agréable
à l'œil, ne tenant que peu de place dans les appartements, faciles à remiser une fois la saison des
froids passée, ne demandent aucune installation
préalable; établis d'une seule pièce, ils offrent sur
beaucoup d'autres modèles le grand avantage de
pouvoir être posés ou enlevés sans le concours du
fumiste, qui fait toujours un peu de gâchis; enfin, et
c'est là une des causes de leur grande faveur, une
fois installés à une place, ils n'y sont pas immuables,

Poélier-Fumiste. 15

comme les poêles anciens et ordinaires, que leur poids ne permet pas de déplacer facilement. Aussi s'explique-t-on aisément la grande vogue dont ils sont l'objet en ce moment, surtout pour le chauffage des appartements; car, ne donnant qu'une chaleur douce et peu élevée, ils ne pourraient convenir au chauffage de grandes capacités.

De même que le poêle phœnix, et que celui de la Compagnie parisienne, décrits précédemment, ils offrent encore ce grand avantage, de recevoir en une seule fois, un chargement de combustible suffisant pour les entretenir pendant toute une journée, ce qui, dans les appartements, assure la continuité du chauffage sans aucun entretien, et à l'abri de la négligence des domestiques. On ne saurait donc qu'applaudir, en voyant de nombreux constructeurs s'ingénier à établir des appareils très semblables entre eux d'ailleurs, mais remplissant le même but. Seulement, comme nous l'avons dit, il faut exiger d'eux une certaine modération dans l'exposé des avantages qu'ils annoncent au public, afin que celui-ci, à son tour, ne soit pas entraîné à oublier les sages prescriptions que nous avons rappelées, pour se prémunir contre de graves accidents dont la responsabilité, dans une certaine mesure, ne lui incomberait pas à lui seul.

§ 3. OBSERVATIONS DIVERSES RELATIVES AUX POÊLES.

Montage et démontage des poêles.

Les poêles, soit en métal, soit en matières réfractaires, doivent toujours être établis sur une aire ou massif de briques ou de pierre pour prévenir les incendies. Lorsque la pièce où l'on voudra installer un poêle est parquetée, et qu'on ne peut démolir le parquet, ce qui est un cas très fréquent, on devrait, au lieu de se contenter d'une simple plaque de fonte posée à même, comme on le fait le plus souvent, poser cette plaque sur un lit de briques à plat, sauf par un petit rebord de tôle à dissimuler ce petit massif.

Pour le montage des poêles en métal, il n'est guère possible d'indiquer d'autre marche à suivre que celle qui doit résulter naturellement de la construction même de l'appareil, et de la disposition qui en résulte pour les pièces les unes par rapport aux autres. Comme on sait toujours qu'elles doivent s'ajuster ou se superposer, en commençant par les inférieures, et en allant successivement jusqu'à celles du haut, il n'y aura qu'à suivre cette méthode jusqu'au sommet. Ce travail ne demandera qu'un peu d'attention.

Un poêle de faïence peut être carré ou rond, et se compose ordinairement de trois parties distinctes : 1° d'une base profilée ; 2° d'un corps principal ou fût, dans lequel le foyer est pratiqué ; 3° d'une corniche également profilée qui reçoit la tablette de faïence ou de marbre, formant la partie supérieure ou le couronnement.

Chacune de ces parties comprend, en outre, un nombre plus ou moins grand de pièces ou carreaux, selon les dimensions du poêle, et qui sont accolées les unes aux autres : pour les poêles carrés, elles sont plates et rectangulaires, à l'exception de celles formant les angles, lesquelles doivent être, par cette raison, à deux branches comme une équerre ; et dans

les poêles de forme ronde, elles ont toutes, indistinc-
tement, la courbure d'une portion du cercle.

La base et la corniche ne comprennent jamais
qu'une assise chacune, tandis que le fût peut en
avoir 2, 3 et même 4, selon la hauteur du poêle.

Ces sortes d'appareils s'ajustent nécessairement
suivant un ordre analogue à celui observé pour la
pose des poêles en fonte ou en tôle.

Ainsi, on placera d'abord la base sur l'aire en
maçonnerie disposée à cet effet, puis la première
assise du fût; ensuite la deuxième et la troisième,
s'il y a lieu, et enfin la corniche et la tablette.

Les carreaux doivent être liés entre eux par des
crampons fixés dans des trous conservés à cet effet
dans les épaisseurs; les joints se remplissent avec de
la terre à four délayée, et l'ensemble du système se
maintient au moyen de bandes ou brides en cuivre
qui font le tour du poêle, que l'on serre avec des vis,
et qui sont placées de manière à recouvrir les joints
horizontaux des assises, tout en contribuant à l'ornement de l'appareil.

Quant à ce qui concerne le démontage, on conçoit
qu'il doit se faire en suivant l'ordre inverse à celui
indiqué ci-dessus.

L'établissement des tuyaux, soit en tôle, soit en
faïence, exige surtout une attention particulière,
parce qu'il n'est point indifférent d'en assembler les
diverses parties d'une manière plutôt que d'une autre : aussi ferons-nous remarquer, à cet égard, qu'il
faut toujours que la deuxième partie qui forme un
tuyau soit introduite dans la première, la troisième

dans la seconde, et ainsi de suite, afin que les infiltrations du bistre qui provient de la condensation de
la fumée dans les parties supérieures du tuyau, ne
puissent avoir lieu par les joints, ce qui est imman-
quable lorsque la disposition que nous venons d'indiquer n'est point observée, et que les tuyaux ont
une inclinaison prononcée.

Le montage ou le démontage des tuyaux de tôle
est une opération relativement simple, et pour laquelle on se passe souvent du concours du fumiste;
aussi, croyons-nous utile d'insister un peu à son
sujet. Lorsque la saison d'été arrive, on enlève très-
souvent le poêle qui a servi à chauffer pendant les
froids, et qui tenant une certaine place au milieu des
pièces d'habitation, n'est plus désormais qu'une
gêne pour la circulation. Les tuyaux qui ont établi la
communication entre le poêle et la cheminée d'évacuation construite dans un des murs de la pièce,
offrent quelquefois une certaine adhérence entre eux,
aux divers points de jonction. Cette adhérence provient
d'un peu de rouille qui s'est produite entre les parties en contact, par suite de la condensation d'un
peu de vapeur d'eau entraînée avec la fumée, et qui
s'est déposée dans les petits intervalles existants toujours entre les deux bouts de tuyau rejoints. Comme,
en général, ces tuyaux sont destinés à servir de
nouveau, à la saison d'hiver suivante, il faut apporter un certain soin à leur démontage afin de ne pas
les détériorer. Le meilleur procédé à suivre consiste
à employer un petit maillet en bois, ou mieux, si on
l'a à sa disposition, une batte, sorte de morceau de
bois un peu long, dont la section transversale représente un demi-cercle aplati. En frappant légèrement

avec cette batte sur le point de jonction des tuyaux, et en ayant la précaution de tourner tout autour du joint, on ne tarde pas à faire détacher les pellicules de rouille qui déterminaient l'adhérence, et à pouvoir alors facilement séparer les deux pièces. Dans cette opération, il ne faut jamais chercher à tirer les deux morceaux l'un de l'autre directement; il est bien préférable d'opérer en maintenant fixe l'un des bouts entre les jambes, par exemple, et saisissant l'autre à pleine main, à le faire tourner sur lui-même tout en l'attirant suivant un mouvement comparable à celui d'un tire-bouchon.

Lorsque les tuyaux sont démontés, on procède à leur nettoyage, et avant de les serrer dans une remise, on devrait toujours, précaution qui n'est pas suffisamment observée, les enduire d'un corps gras mélangé à de la mine de plomb. On éviterait ainsi les actions corrosives de l'humidité atmosphérique, et on prolongerait considérablement la durée de ces matériaux.

Une autre précaution, bien simple cependant, et que jamais on n'observe, consisterait à numéroter les bouts démontés qui, par leur réunion forment la conduite générale. On comprend facilement, combien ce petit artifice rendrait ensuite plus aisé le montage du poêle à la saison d'hiver. Au lieu de perdre du temps à tâtonner pour trouver les morceaux qui s'emmanchent directement, on arriverait du premier coup à les replacer les uns dans les autres. Outre le temps gagné, on assure la conservation de ce matériel, qui n'a pas à subir autant de manipulations, les joints, enfin, seront plus précis, et il n'y aura pas de fuite de fumée sur la conduite.

Quant aux tuyaux neufs, ceux dont la fabrication est soignée présentent toujours une légère différence de grosseur aux extrémités, l'une d'elles un peu resserrée par rapport à l'autre, ce qui permet d'emmancher facilement deux bouts, en ayant bien soin d'opérer encore comme nous venons de le dire, par un mouvement de tire-bouchon, et non pas par un effort rectiligne. Si toutefois l'opération offre une certaine difficulté, on aura recours à la batte, soit pour refermer un peu un des bouts, en frappant sur la paroi extérieure, soit pour ouvrir un peu celle de l'autre morceau, en frappant au contraire sur la paroi intérieure.

Enfin, il arrive souvent que le tuyau de poêle, au lieu de déboucher dans une cheminée en maçonnerie sort directement au dehors, soit à travers le mur, soit à travers une plaque de tôle, remplaçant un carreau de fenêtre condamnée. Il faut toujours, dans ce cas, disposer en dessous du coude que forme avec le tuyau d'arrivée, celui qui se prolonge verticalement au dehors, une poche à tampon mobile, qui servira à recueillir les eaux de condensation, et à les expurger de temps en temps, sinon elles descendront dans la conduite, passeront par les joints et saliront le plancher de la pièce.

Bouches de chaleur.

En général, dans la plupart des appareils de *chauffage*, on trouve un grave défaut, c'est le trop grand rétrécissement des passages de l'air ; cette observation est surtout vraie pour les bouches de chaleur, souvent trop petites par elles-mêmes par rapport aux conduits qui y amènent l'air, et qui pourraient tous les deux avoir des sections plus grandes que celles qu'ils reçoivent.

Une bouche de chaleur bien établie doit pouvoir se fermer facilement par un obturateur, empêchant l'introduction de l'air froid dans la pièce, quand l'appareil n'est pas allumé. Il sera de plus toujours utile de la garnir d'une petite toile métallique à mailles serrées, qui s'opposera au passage des poussières de toutes sortes que l'air entraîne toujours avec lui.

Le système le plus simple est un couvercle extérieur monté sur une charnière comme dans une boîte de montre permettant d'ouvrir ou de fermer la bouche; on utilise ainsi toute la section qu'elle présente. Mais, d'un autre côté, ce procédé ne satisfait pas toujours à l'élégance que réclame l'emplacement de ces appareils, et l'on a cherché à dissimuler ce couvercle.

Dans quelques cas le volet placé intérieurement bascule autour d'une charnière à l'aide d'un petit appendice traversant le grillage et sortant en dehors du niveau de l'appareil. On peut encore ainsi utiliser toute la section de la bouche, seulement cet appareil ne tarde pas à mal fonctionner. Les poussières que l'air entraîne l'encrassent rapidement, la charnière fonctionne mal, et, ou bien l'on ne peut plus ouvrir en plein et dégager toute l'ouverture, ou bien on ne peut plus obtenir une fermeture hermétique.

Le plus souvent les bouches de chaleur se composent d'un cadre métallique scellé dans l'orifice de l'appareil de chauffage dont la plaque est formée de parties alternativement pleines et vides, doublée d d'une seconde pièce semblable pouvant glisser le long *de la première* dans des petites coulisses intérieures. Suivant que les parties pleines sont superposées ou non, on obtient l'ouverture ou la fermeture de la bouche.

Cet appareil fonctionne bien, c'est le plus élégant, il permet de régler le degré d'ouverture, son seul défaut c'est de diminuer la section utile de passage faite sur le corps de l'appareil, à moins qu'on n'ait donné à la plaque des dimensions telles que la somme des vides corresponde exactement à la section réelle que la bouche aurait si elle s'ouvrait directement sans appareil interposé à l'orifice. Les bouches dites à tourniquet ou à papillon ne diffèrent des précédentes qu'en ce que le volet, au lieu de glisser sur la surface, tourne autour d'un axe monté sur la partie extérieure ; les ouvertures dans ce cas ne peuvent plus recevoir des formes quelconques, elles doivent affecter des formes symétriques par rapport à un rayon de la plaque circulaire de la bouche.

Système de manchon propre à la communication des tuyaux de poêles et des calorifères avec les cheminées, par M. A. CORBIE.

Cette invention est destinée à préserver les appartements des dégradations et inconvénients de tous genres qui résultent du percement continuel des cheminées pour le passage des tuyaux de communication des poêles, calorifères, cheminées prussiennes, etc.

On sait, en effet, que dans un grand nombre d'appartements, on a coutume de placer, au commencement de chaque hiver, des poêles et d'effectuer des percements, ou de boucher des trous anciens pour la communication des tuyaux avec l'intérieur des cheminées; ces trous ne peuvent s'établir sans causer des dégradations, sans endommager la tenture de la cheminée; puis, par suite de changement de locataires, il faut agrandir ou diminuer les ouvertures pratiquées, suivant le diamètre des tuyaux; c'est ce renouvellement continuel de percement, de dégradation, que l'appareil simple, décrit ci-dessous, supprime entièrement.

Description de l'appareil.

Cet appareil, dessiné sous diverses vues dans les figures 100 et 101, comprend deux parties distinctes : l'enveloppe proprement dite (ou manchon *a*), évidée sous forme cylindrique, et le tampon *b*.

Le manchon *a*, qui est la pièce fixe, se trouve scellé dans l'épaisseur de la cheminée au moment de la construction même de l'appartement, ou lorsqu'on veut y placer un appareil de chauffage quelconque, indépendant du foyer de la cheminée.

Le tampon mobile *b* ferme hermétiquement le trou du manchon pendant la saison d'été, et il suffit de l'enlever quand on veut placer le poêle dans l'appartement.

Ces manchons peuvent se classer par séries, suivant les diamètres des tuyaux; toutefois, un seul manchon convient à tous les diamètres, c'est l'idée qu'en donne la figure 101. On suppose dans cette figure, que le manchon *a* est fixé invariablement dans l'épaisseur de la cheminée; alors, pour raccorder cette ou-

verture avec le tuyau *c*, d'un diamètre plus fort ou
plus faible, on confectionne une portion de virole *d*,
dont une partie s'ajuste sur le tuyau *c*, et dont l'autre partie s'introduit à l'intérieur du manchon.

Le dessin représente les deux parties du manchon,
l'enveloppe *a* et le tampon *b*, dans leur simplicité
primitive, c'est-à-dire, brute et sans ornement, parce
que nous ne voulons indiquer ici que le principe de

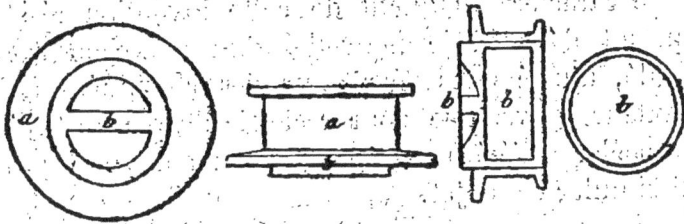

Fig. 100.

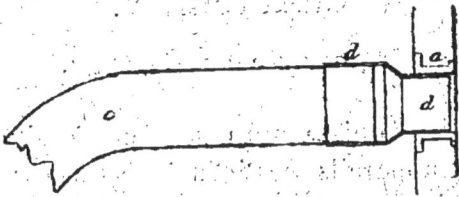

Fig. 101.

l'invention, qui consiste dans un manchon placé à
poste fixe dans l'épaisseur des cheminées, pour recevoir tous tuyaux de poêles ou autres appareils de
chauffage, et dans un tampon qui ferme, au besoin,
l'ouverture de ce manchon.

On concevra facilement que, selon les circonstances et le désir des acheteurs, on peut décorer et
ornementer ces deux pièces, autant et de la façon qu'il
paraîtra convenable.

Ces manchons pourront aussi être disposés par séries, suivant les diamètres ordinaires des tuyaux, et l'ajustement du tampon avec le manchon, quoique représenté, pour l'introduction naturelle, sous forme cylindrique, de la partie mobile dans la partie fixe, recevra toute disposition pour opérer une fermeture plus ou moins commode et plus ou moins favorable.

Le caractère distinctif de cette invention réside surtout dans l'idée nouvelle d'un manchon fixe, scellé, ajusté dans l'épaisseur des cheminées, à la hauteur convenable pour recevoir l'hiver un tuyau de poêle, et l'été un tampon plus ou moins orné pour dissimuler cet objet.

CHAPITRE V.

Fourneaux divers.

Le poêlier-fumiste aura souvent à s'occuper de nombreux appareils destinés à des usages spéciaux différents du chauffage proprement dit ; tels sont les fourneaux de cuisine, les fourneaux à chauffer les fers. Bien qu'en général ces appareils soient établis dans des usines spéciales, et livrés au commerce tout prêts à être mis en place, et que ce dernier travail incombe à peu près uniquement au fumiste, travail d'ailleurs tout à fait identique à l'installation d'un poêle quelconque, nous avons cru devoir néanmoins entrer à leur sujet dans quelques détails, permettant de les apprécier par eux-mêmes et d'en faciliter les réparations et l'entretien.

§ 1. FOURNEAUX DE CUISINE.

Le plus simple et le plus ancien de ces fourneaux est destiné à l'emploi du charbon de bois. Sa construction est tellement élémentaire, que non seulement les fumistes, mais que les maçons même l'établissent souvent eux-mêmes. Il se compose d'une sorte de coffre en maçonnerie de plâtre ou de briques élevé d'une certaine hauteur au-dessus du sol et supporté par des jambages laissant entre eux des vides où se placent des caisses en bois servant à renfermer le charbon. Sur la plaque supérieure du fourneau sont encastrées des cuvettes en fonte de fer, fermées inférieurement par de petites grilles où se dispose le charbon. La face antérieure du fourneau est munie de petites portes fermant les vides correspondants aux cuvettes dont nous venons de parler et permettant de régler l'arrivée de l'air sous la grille pour activer ou modérer le tirage. Ces fourneaux sont généralement placés sous une grande cheminée ou hotte, où se rassemblent les vapeurs et gaz de toute nature, qui s'échappent ensuite au dehors par un tuyau de cheminée ordinaire.

Les jambages sont, comme nous le disions, généralement en briques, jusqu'à une hauteur de $0^m.40$; on pose alors une première bande de fer repliée deux fois en équerre, terminée à ses deux extrémités par des queues de carpe qu'on scelle dans la muraille et qui servent à maintenir le massif de maçonnerie. Ces bandes de fer ont généralement $0^m.01$ d'épaisseur sur $0^m.05$ à $0^m.07$ de hauteur. Puis on dispose alors sur les jambages des petites tringles de fer formant paillasse et servant à retenir la maçonnerie du fond du fourneau. On élève ensuite les trois faces verticales, les deux latérales ayant une légère pénétration dans le mur, puis on bande la partie supérieure comme on l'a fait à la base et on construit l'âtre comme le fond, en réservant les emplacements des cuvettes de fonte formant les fourneaux proprement dits; en ayant soin de ménager une petite feuillure dans laquelle vient s'asseoir le rebord de la cuvette, pour que le niveau de l'âtre soit bien partout le même.

Généralement la maçonnerie est recouverte d'un carrelage de faïence émaillée, ainsi que la partie du mur de fond au-dessus du fourneau.

Lorsque ces appareils sont un peu grands, on les divise en compartiments par de petites cloisons intérieures, isolant les trous de fourneaux deux par deux.

Quant aux cuvettes, on les trouve toutes préparées dans le commerce. Elles ont ordinairement la forme d'un tronc de pyramide, ou d'un tronc de cône dont la plus grande base est au niveau de la partie supérieure du fourneau, avec un rebord horizontal autour de cette grande base pour les asseoir sur la maçonnerie. Souvent elles portent au-dessous du rebord une petite ouverture que l'on fait communiquer avec le dehors par un petit conduit ménagé sous le carrelage. Cette disposition avantageuse assure un tirage continu, alors même que la marmite placée sur le bord s'y appliquerait exactement et le boucherait complètement. Cela évite l'emploi des petits trépieds auxiliaires qu'on est quelquefois obligé d'employer pour supporter les vases afin précisément de ne pas boucher le fourneau et d'avoir un tirage suffisant pour entretenir une combustion active et régulière.

Les petites portes scellées dans les embrasures de la paroi verticale du fourneau sont de diverses sortes. C'est un cadre venant s'emboîter dans une feuillure, et supportant à l'aide de petits gonds une porte que l'on ouvre plus ou moins, afin de pouvoir régler facilement le tirage sans être obligé de tenir cette porte ouverte, ce qui serait une gêne pour la personne travaillant devant le fourneau. On dispose ordinairement sur le vantail, une sorte de bouche de chaleur ou rosace analogue à celle que nous avons décrite, et la porte n'a plus besoin d'être ouverte que pour retirer les cendres qui tombent du fourneau.

Ces pièces sont quelquefois plus simples encore. Elles se composent d'une plaque de tôle dont les bords sont repliés d'équerre, présentant l'aspect d'une enveloppe à lettres dépliée et dont les portions triangulaires seraient relevées d'équerre sur la face. Elles entrent ainsi à frottement dans la baie de la maçonnerie, et sont fixées intérieurement à l'aide d'un peu de plâtre. Un petit volet glisse sur la face entre deux petits coulisseaux, démasquant plus ou moins une petite ouverture par laquelle se fait le tirage.

On vend même de ces fourneaux tout préparés et qu'on dispose dans la cuisine comme tout autre meuble. Ils sont alors formés par quatre forts jambages en bois, entre lesquels on établit le fourneau à l'aide de deux bandes de feuillard comme nous venons de le dire. Dans ce cas la maçonnerie consiste simplement en un carrelage de faïence avec un enduit intérieur de terre à four.

Mais l'extension de plus en plus grande de l'emploi de la houille a apporté dans la construction des fourneaux de cuisine, des changements considérables. C'est encore Rumford qui s'est le premier occupé de cette question et qui en a établi les principes comme pour les cheminées.

On a d'abord remplacé complètement, par des plaques de fonte ou de fer, placées au dehors du foyer et rougies par l'action directe du feu, l'usage des réchauds et du charbon de bois. Ce premier perfectionnement permet de disposer sur une même surface un bien plus grand nombre de vases, et d'en conduire la marche de front. Ces plaques elles-mêmes sont en partie formées de ronds concentriques s'emboîtant les uns dans les autres, qu'on peut enlever en tout ou partie, formant ainsi des trous de diamètres différents ; sur ces trous reposent les vases, dont le fond est directement léché par la flamme, au cas où ils ont besoin d'être portés à une plus haute température.

Le foyer est formé par une cuvette en fonte de forme généralement ovale disposée en tronc de pyramide fermée par une grille mobile, qu'on remplit de charbon de terre, à l'aide d'un trou formé par des ronds comme celui dont nous venons de parler. La prise d'air se fait par une ouverture disposée au bas de la paroi de face au-dessous du foyer. Cette ouverture est munie d'une rosace réglant le tirage. Enfin au-dessous de la prise d'air on peut introduire une caisse formant réservoir pour les cendres, et que l'on retire pour rejeter ces cendres quand elles sont trop abondantes.

Tous ces fourneaux ont permis de disposer deux appareils qu'il était impossible d'avoir sur les anciens fourneaux à charbon de bois : un four et un bain-marie, donnant toujours de l'eau chaude.

Le four est formé d'une caisse en tôle fermée par devant par une porte, et isolée sur toutes ses autres faces. Le fond repose sur des cloisons intérieures, entre lesquelles on dispose une autre boîte formant étuve où il n'y a jamais qu'une chaleur douce produite par la conductibilité du métal formant le fourneau. L'appareil est à flamme renversée, c'est-à-dire que les flammes s'échappant du foyer circulent d'abord entre la paroi supérieure du four et la plaque de recouvrement, puis descendent le long d'une paroi verticale du four, pour ensuite s'échapper par le tuyau de tirage et même quelquefois, ce qui est plus avantageux, passent d'abord sous le fond du four et remontent le long de la paroi opposée à la porte. Cette marche de la flamme s'obtient en disposant des cloisons en tôle dans l'intérieur du fourneau.

A l'aide de cette dernière disposition on voit que le four est chauffé sur quatre faces, mais une des faces latérales est assez près du foyer pour être chauffée directement par celui-ci. Il n'y a donc strictement que la face de devant munie de la porte, qui ne reçoit pas directement l'action du feu.

Le bain-marie se compose d'une caisse en cuivre étamée, descendue dans le four par une ouverture sur laquelle il repose par un rebord. Il porte à sa base une douille dans laquelle on vient visser un robinet qui dépasse la paroi du fourneau, et qui sert à puiser l'eau. Un couvercle à rebord ferme le bain-marie ; c'est par là qu'on introduit l'eau froide. On dispose le bain-marie sur l'un des passages de la flamme autour du four.

Dans les fourneaux employés dans les grands établissements, restaurants, hospices, casernes, collèges, etc., on dispose à la suite du foyer des grandes marmites fixées à demeure exactement comme le bain-marie, et qui servent à la préparation du bouillon, à la cuisson des légumes. Des robinets y versent l'eau directement. Ces marmites quelquefois sont mobiles reposant sur la plaque du fourneau par un large rebord bouchant hermétiquement l'ouverture, ce système est bien préférable au point de vue de la facilité de leur nettoyage. Des petites poulies scellées dans le plafond permettent, à l'aide d'un cordage, de les soulever facilement, même lorsqu'elles sont pleines.

De notables perfectionnements ont été apportés dans la construction de ces appareils, surtout lorsqu'il s'agit de ceux destinés aux grands établissements. A l'emploi absolu du métal pour en former la carcasse, on a substitué avec avantage dans ce cas, un emploi judicieux de cloisons en briques, de montants et plaques de fonte. On a évité ainsi une usure rapide qui se produisait sur les cloisons légères en métal rapidement brûlées par un grand feu. En un mot, on a construit des sortes de poêles suédois, à parois métalliques en partie, avec circulation intérieure de la flamme.

Nous donnons deux exemples de ces appareils, dont la construction est d'ailleurs facile à comprendre d'après tout ce qui précède. Le premier est dû à M. Victor Chevallier, le second à M. René Duvoir.

Ces fourneaux sont en général mobiles, mais on peut aussi les établir à demeure fixe ; ils sont avec flamme renversée ou non, et fonctionnent au bois ou

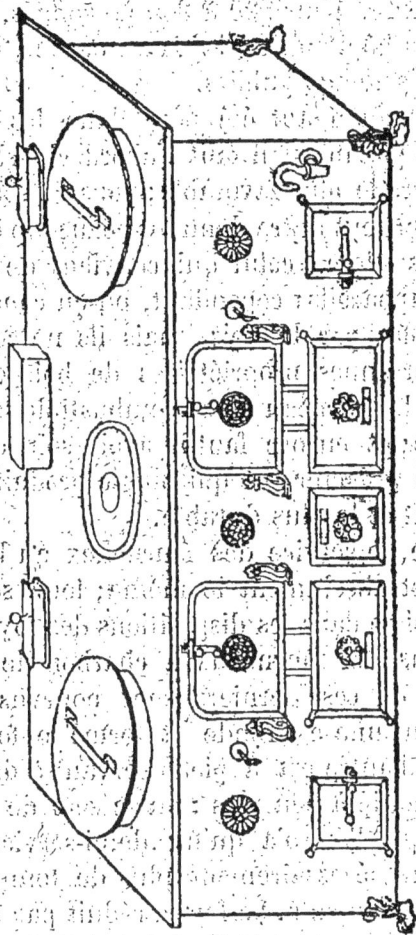

Fig. 102.

au charbon de terre. Ils renferment à l'état complet un four pour le rôti, un autre pour la pâtisserie, une marmite en cuivre, un bain-marie à trois copettes,

une étuve, des dispositions pour les limonadiers, etc.
Nous donnons dans la figure 102 le modèle d'un de
ces fourneaux en fonte et à console, chauffé au charbon de terre, pour 200 à 300 personnes, propre au
service des hôpitaux de la marine, des collèges et
des établissements publics.

Le fourneau ayant été posé dans les meilleures
conditions possibles, il faut d'abord choisir le charbon de terre le plus favorable ; nous conseillons celui
de Mons, ou tout autre donnant beaucoup de flamme.
Ce combustible est celui qui convient de préférence
pour ces appareils ; cependant, on en construit pour
être chauffés par le bois, mais ils ne conviennent
qu'aux personnes propriétaires de bois et pouvant
alimenter le fourneau de ce combustible sans viser à
l'économie ; et encore faut-il avoir soin d'employer
du bois de résistance et qui puisse produire le feu le
plus ardent et le plus durable.

Au reste, le service des fourneaux au bois ou au
charbon est absolument le même ; leur seule différence consiste dans les dispositions des foyers.

Revenons aux fourneaux à charbon de terre : les
réservoirs de ces derniers sont pourvus de deux
grilles, dont une est ronde et forme le fond du réservoir, et l'autre est à pieds servant à diminuer le
foyer de moitié à peu près : on se sert de cette dernière lorsque l'on n'a qu'un demi-service à faire ;
mais il faut nécessairement plus de temps pour la
cuisson des aliments. Le foyer, réduit par cette grille
à pieds, suffit pour chauffer la plaque du fourneau ;
mais il ne faut jamais oublier, lorsque l'on s'en sert,
d'enlever d'abord la grille du fond. Le charbon de
terre s'allume en jetant dessus de la braise ou du

charbon de bois bien enflammé : pour bien entretenir la combustion, il faut de temps en temps dégager la grille de la cendre qui pourrait l'obstruer, avec
un tisonnier donné pour cet usage. Il ne faut jamais
allumer le feu avant d'avoir rempli le bouilleur ou
réservoir d'eau, qui doit toujours être tenu plein en
y versant de l'eau à mesure que l'on en retire.

Le pot-au-feu, qui doit toujours être de forme cylindrique, en cuivre ou en fer battu, doit être commencé sur le trou ménagé à la plaque au-dessus du
foyer, après en avoir enlevé le tampon ou couvercle
avec un crochet. Lorsque le liquide est arrivé à ébullition, et qu'il a été écumé, on éloigne la marmite
vers le tuyau de fumée, de manière à ce qu'elle continue à bouillir à petit feu. C'est sur cette même ouverture du foyer que l'on commence la cuisson de
toute espèce de mets, puis on en éloigne les casseroles suivant le degré de chaleur qu'elles exigent, de
sorte que l'on en fait fonctionner autant que la plaque du fourneau peut en contenir.

Les rôtis à la broche se font sur le côté du fourneau où se trouve le foyer, au moyen d'une rôtissoire qui s'y accroche, après avoir enlevé la porte
mobile disposée à cet effet.

Lorsque l'on fait un rôti dans le four, il faut avoir
soin de le retourner à moitié de sa cuisson ; il ne se
fait pas autrement dans les fourneaux à deux fours,
au moyen d'un berceau à tringles en fer étamé : il
ne faut pas oublier d'entr'ouvrir la petite trappe pratiquée à la porte du four, et destinée à chasser la
vapeur du rôti vers une ouverture ménagée à cet
effet au fond de ce four. L'étuve placée en dessus du
four est disposée pour la cuisson des côtelettes, au

moyen d'un plateau dans lequel on met de la braise bien allumée, et d'un gril; pour l'évaporation de la fumée des côtelettes et pour établir un courant d'air qui entretienne la braise allumée, il a été pratiqué à la porte de cette étuve, une petite trappe à coulisse que l'on entr'ouvre afin que l'air puisse entrer pour aller s'échapper par un tuyau disposé au fond de l'étuve, et qui va s'embrancher dans le premier bout du tuyau de fumée.

Le nettoyage des fourneaux se fait, pour les fourneaux ordinaires, en levant la plaque inférieure en fonte, rendue mobile à cet effet, et en ramenant la suie avec un petit balai vers l'ouverture du foyer pour qu'elle tombe dans le cendrier : pour les fourneaux à flamme renversée, on procède d'abord de la même manière, puis, en ouvrant une petite trappe ménagée entre les fours et les étuves, on ramène la suie au moyen d'une raclette à longue tige en fer, donnée pour cet usage.

Quant aux tuyaux, le nettoyage se fait par la trappe à coulisse, pratiquée au premier bout du tuyau, en passant dans tous les sens une baguette flexible, à laquelle on attache un chiffon : cette trappe à coulisse du premier tuyau sert également à déterminer le tirage de la fumée, lorsque le mauvais temps vient à le contrarier, en brûlant à l'ouverture un peu de papier.

Le second exemple que nous présenterons est un fourneau de cuisine, dont la construction est due à M. René Duvoir.

M. René Duvoir, après avoir construit, dans plusieurs collèges des fourneaux de différents modèles, est arrivé à la combinaison de celui dont on va présenter le plan.

Ce fourneau, dans lequel on obtient l'emploi le

Fig. 103.

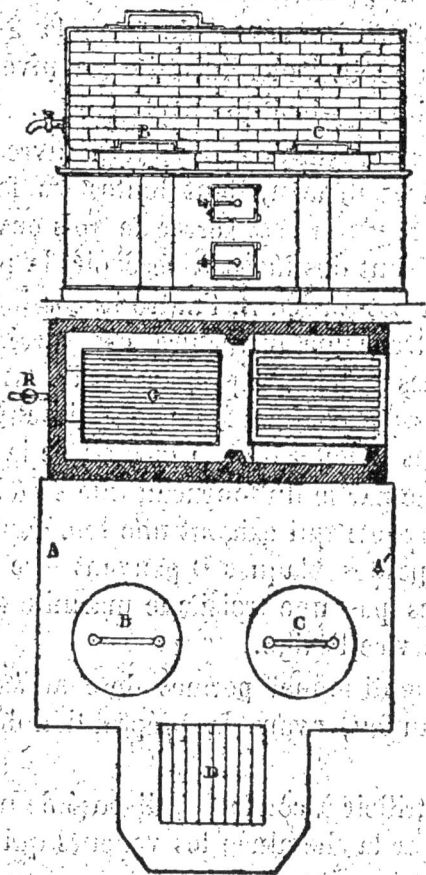

Fig. 104.

plus utile du combustible, présente toutes les facilités désirables pour le service.

Des fourneaux de ce dernier modèle ont été établis dans les collèges d'Amiens, d'Orléans, de Moulins, de Clermont et de Limoges ; d'autres collèges en ont aussi commandé. Ces fourneaux conviennent aux pensions et aux hôpitaux, avec quelques modifications dans la disposition des marmites et des fours.

La figure 103 est la vue de face ; la figure 104 montre la coupe du fourneau, faite au niveau de la plaque supérieure, ainsi que le plan.

A, A, est une plaque en fonte qui recouvre la partie antérieure du fourneau, dont toutes les faces sont en fonte. Cette plaque est percée de trois ouvertures ; deux rondes sont destinées à recevoir, la première, la marmite à pot-au-feu B, l'autre la bassine à légumes C. La troisième ouverture est carrée, et se trouve au-dessus du foyer principal ; elle est bouchée par de petites plaques en fonte D, qui peuvent être exposées, sans se détériorer, à l'action de la chaleur. C'est sur cette partie du fourneau que se fait la préparation des mets qui exigent une température très élevée. Les petites plaques D peuvent être enlevées et remplacées par une troisième marmite quand le besoin du service l'exige.

Un foyer additionnel permet de chauffer la marmite à pot-au-feu, avant la préparation des autres aliments.

G est un grilloir à côtelettes, disposé de manière à faire sortir par la cheminée les vapeurs qui se dégagent pendant la cuisson.

Il y a un four pour les rôtis et la pâtisserie ; au-dessous est établi un petit foyer, dans lequel on peut brûler quelques morceaux de charbon pour donner plus de couleur aux grosses pièces cuites dans le four.

La cuisson des autres aliments s'effectue dans des casseroles placées sur la plaque A, qui les chauffe plus ou moins, suivant la position qu'elles y occupent.

Dans la construction en briques, qui est établie derrière le fourneau, se trouvent :

1° Une étuve, chauffée par les produits de la combustion qui circulent à l'entour avant de se rendre dans la cheminée. C'est dans cette étuve qu'on maintient chauds les plats préparés avant l'heure des repas.

2° Un réservoir à eau chaude H, fournissant par le robinet R l'eau nécessaire aux besoins de la cuisine, et qui a une capacité telle qu'il peut servir en même temps à la préparation d'un bain entier et de plusieurs bains de pieds; un tuyau qui n'est pas figuré sur le dessin conduit l'eau chaude à la salle de bains.

Un petit foyer permet de chauffer la chaudière quand on a besoin d'eau chaude avant d'allumer le fourneau.

Nous ne parlerons pas des fourneaux-poêles en fonte souvent désignés sous le nom de *Cuisinières*, qui se trouvent dans le commerce entièrement prêts. Ces appareils qui sont destinés à la fois au chauffage et au service culinaire, sont des poêles en fonte avec dispositions plus ou moins complexes, suivant qu'ils renferment ou non un four et un bain-marie. La plaque supérieure, au lieu d'être d'une seule pièce, porte des ronds mobiles permettant d'y disposer les vases culinaires comme sur les fourneaux précédents.

Poêlier-Fumiste.   16

Souvent même la paroi latérale du four qui se trouve contre le foyer est mobile autour de charnons comme la porte des fours, elle sert, une fois abaissée, à recevoir la rôtissoire qui se trouve exposée au feu assez ardent des parois du foyer ordinairement portées au rouge.

Pour le poêlier-fumiste, son rôle se réduit à peu de chose quant à l'usage de ces appareils. Ils viennent des usines où se fabrique la fonte de fer, et il n'a jamais qu'à les installer, ce qui se fait exactement comme pour un poêle ordinaire.

Nous croyons cependant utile d'indiquer au sujet de ces fourneaux particuliers, un perfectionnement dû à M. Henry, et dont l'application d'ailleurs assez simple permet de supprimer les inconvénients qu'on leur reproche à juste titre.

On sait en effet que dans les ménages d'ouvriers où ces poêles-cuisinières en fonte, chauffés au charbon de terre, sont employés tant au chauffage du local qu'à la préparation des aliments, ces appareils placés au milieu des pièces et pourvus d'un simple tuyau de tôle, donnent lieu à des dégagements d'odeur aussi nuisibles que désagréables.

Le seul moyen dont on dispose pour régler le tirage consiste dans une clef placée sur le conduit, clef qui la plupart du temps fonctionne d'une façon très imparfaite.

M. Henry propose de percer le tuyau de fumée d'un certain nombre d'ouvertures oblongues, calculées de telle façon que leur surface totale soit égale à la section du tuyau, puis il entoure cette portion du tuyau d'une douille concentrique emboîtant exactement le tuyau, percé d'ouvertures semblables à celles ci-dessus, de sorte qu'en faisant tourner cette douille on puisse fermer plus ou moins les ouvertures du tuyau. On obtient ainsi un procédé de réglage bien supérieur à celui que donne la clef, et qui n'est pas susceptible de se détériorer.

Enfin, pour éviter le dégagement dans la pièce des vapeurs dues à la cuisson des aliments, M. Henry propose l'emploi d'une petite hotte en métal pouvant s'adapter par un ajutage à douille tournant comme le précédent autour du tuyau, placé au-dessus du premier de façon à ne servir que lorsqu'on fait la cuisine, et à laisser entier le rôle de l'autre pour le chauffage.

La dépense supplémentaire due à ces appareils est peu importante, elle n'enlève rien des qualités dues à la mobilité des fourneaux-cuisinières, et les met dans des conditions hygiéniques bien préférables à celles où ils sont ordinairement.

§ 2. FOURNEAUX POUR CHAUFFER LES FERS A REPASSER.

Ces fourneaux sont employés par de nombreuses industries, blanchisseurs, tailleurs, chapeliers, etc., qui sont obligés d'entretenir dans leur local un appareil toujours en marche, afin d'avoir à chaque instant sous la main et chauds les instruments de leur travail.

Généralement ces appareils consistent en un fourneau analogue aux fourneaux-cuisinières dont nous venons de parler, ou plus simplement d'un poêle cloche, surmonté d'une partie en tronc de pyramide, dont chaque face porte l'empreinte d'un fer à repasser, dans laquelle vient se loger l'instrument. Quelquefois ces empreintes sont découpées à jour et les fers sont soumis à l'action directe du feu, mais c'est là un mauvais système ; les fers s'encrassent, perdent leur poli, il est bien préférable de laisser un fond dans chaque empreinte dans laquelle les fers s'échauffent en vertu de la conductibilité du métal.

M. Chambon-Lacroisade a étudié tout particulièrement ce système de fourneau, et construit un type qui, sans s'écarter du principe précédent, est cependant remarquable par le soin apporté dans tous les détails d'exécution. L'appareil qui est tout en fonte, se compose d'un foyer à double enveloppe en forme de prisme vertical. La grille est disposée au bas de l'enveloppe intérieure, et les fers à repasser, dont le nombre est égal à celui des côtés du prisme, se placent dans l'espace compris entre les deux enveloppes. L'enveloppe intérieure est fermée au sommet par un couvercle de forme spéciale, percé dans toute sa hauteur par la cheminée d'appel dont la base est venue de fonte avec lui. Enfin l'appareil repose au moyen de trois pieds sur un petit guéridon dont le plateau mobile permet de le faire tourner à volonté, et d'amener ainsi chaque fer à portée de la main qui doit s'en servir.

Ces appareils sont très économiques au point de vue de l'emploi du combustible, d'autre part un fourneau complet à six fers ne pèse que 18 kilog. environ, ce qui fait que la dépense d'achat n'est pas considérable. En résumé, au point de vue spécial qui nous occupe, c'est un appareil recommandable à tous les égards.

CHAPITRE VI.

Du Ramonage et des Incendies.

—

§ 1. DU RAMONAGE.

Le ramonage est l'opération qui a pour but de débarrasser les tuyaux et coffres de cheminée des amas de suie qui, s'y formant à la longue, peuvent à un moment donné prendre feu par l'action de quelques flammèches entraînées par le courant ascendant, feu qui se communique de proche en proche à toute la masse.

Cette opération ne saurait être négligée, sans courir le risque d'accidents plus ou moins graves à un moment donné. D'ailleurs elle est prescrite par les ordonnances de police. On trouve, en effet, dans l'ordonnance du 15 septembre 1875, sous le titre de *Ramonage*, les articles qui suivent :

Article X. Il est enjoint aux propriétaires et aux locataires de faire nettoyer ou ramoner les cheminées et tous les tuyaux conducteurs de fumée assez fréquemment, pour prévenir les dangers du feu.

Les conduits et tuyaux de cheminées ou de foyers ordinaires dans lesquels on fait habituellement du feu, doivent être nettoyés ou ramonés deux fois au moins pendant l'hiver.

Les conduits et tuyaux de tous foyers qui sont allumés tous les jours, doivent être nettoyés et ramonés tous les deux mois au moins.

Ceux des grands fourneaux de restaurateurs, boulangers, pâtissiers, etc., tous les mois au moins.

Article XI. Il est défendu de faire usage du feu pour nettoyer les cheminées, les poêles, les conduits et tuyaux de fumée quels qu'ils soient.

Le nettoyage ne se fera par un ramoneur que si les cheminées ont un passage d'au moins 60 centimètres sur 25.

Quand la section sera moindre, le nettoyage se fera soit à la corde, avec hérisson ou écouvillon, soit par tout autre instrument ou mode accepté par l'administration.

Le ramonage se pratiquait autrefois exclusivement par le ramoneur. La dimension des coffres de cheminée ne permettait pas en effet d'agir autrement, tout le monde sait combien ce travail était pénible. Les enfants qui le pratiquaient s'élevaient dans les coffres, à l'aide de crampons fixés à leurs pieds, pendant que d'une main ils se soutenaient contre les parois, et de l'autre, avec une râclette détachaient la suie adhérente au conduit.

La plupart des tuyaux de cheminée aujourd'hui sont à trop petite section, pour qu'un enfant puisse s'y introduire, le ramonage se fait alors à la corde. On entend par là, passer à l'intérieur des tuyaux une sorte de balai ou hérisson de la forme de celui qu'on appelle tête de loup, en le faisant aller plusieurs fois du sommet à la base. Le hérisson est formé d'un noyau en bois, en olive avec une série de peignes ordinairement en petites lames flexibles de fer implantés normalement au noyau, par suite de cette disposition, que le hérisson marche de haut en bas ou de bas en haut, il y en a toujours une moitié qui se trouve aller à rebrousse-poil, et qui, par suite, exerce un frottement plus ou moins énergique sur les parois du conduit. Le noyau porte, à chacune de ses extrémités, un anneau dans lequel on fixe par un crochet une corde ayant comme longueur un peu plus de la hauteur du conduit. Avec cet instrument, le ramonage est des plus simples. Un ouvrier se place à l'entrée du foyer de la cheminée en s'enfermant derrière une enveloppe de toile destinée à arrêter la poussière autant que possible. Un autre monte sur les toits et hèle le premier par l'ouverture présumée du conduit jusqu'à ce qu'une réponse à son signal lui apprenne qu'il est bien sur l'ouverture voulue. Il laisse alors filer un des brins attachés au hérisson que saisit l'ouvrier placé en bas, et à l'aide duquel il fait descendre à lui le hérisson ; quand celui-ci est arrivé au bas du coffre, il hèle de nouveau son compagnon qui opère la manœuvre inverse, et ainsi de suite, jusqu'à ce que l'ouvrier placé en bas constate que le passage du hérisson ne fasse plus tomber de suie.

Quant aux tuyaux de poêle, leur ramonage est des plus simples. Après les avoir démontés on y passe un écouvillon, balai emmanché à une tige de bois, analogue à l'instrument qui sert au nettoyage des lampes, ou une râclette, petit disque en tôle légèrement plus petit de diamètre que l'intérieur du tuyau. Les parties courbes se nettoient à la main avec une brosse.

§ 2. DES FEUX DE CHEMINÉE.

La première règle à poser à propos de la question des feux de cheminée est la suivante :

Dès que l'on s'aperçoit qu'un feu de cheminée s'est déclaré, envoyer aussitôt prévenir le poste le plus voisin des sapeurs pompiers.

Outre que cette mesure est d'abord utile, elle est même indispensable, en ce sens qu'elle résulte des prescriptions des règlements de police. Toutefois, on peut en même temps recourir à certaines mesures qui peuvent atténuer et même combattre tout à fait le sinistre, jusqu'à l'arrivée des pompiers, dont la besogne alors consistera à examiner la situation et à constater qu'aucune conséquence fâcheuse n'en peut résulter.

Les feux de cheminées se reconnaissent ordinairement, d'abord de l'extérieur au panache de fumée, de flammes, ou d'étincelles qui s'échappe du tuyau, et intérieurement par un grondement spécial et souvent la chute de débris de suie enflammée dans le foyer.

Quant aux mesures préventives, elles consistent à faire d'avance ce que les pompiers exécutent eux-mêmes dans ce cas.

Il faut d'abord fermer toutes les issues qui donnent dans la pièce contenant la cheminée où le feu s'est déclaré, afin d'arrêter autant que possible tout appel d'air qui favorise l'incendie, apporter dans la pièce un ou deux seaux d'eau, y tremper un drap et le tendre sur l'ouverture du foyer en l'assujettissant sur la tablette et les jambages de la cheminée, de manière à empêcher l'air de pénétrer.

Quant à l'examen du conduit, des coffres, des mitres, etc., les fumistes qui souvent remplacent les pompiers, n'auront pour ce genre de travail qu'à suivre les prescriptions officielles données à ce sujet et qu'on trouvera exposées tout au long dans le

Manuel des Sapeurs-Pompiers, faisant partie de l'Encyclopédie Roret.

Il est toujours bon, après un feu de cheminée, de faire procéder à un ramonage, car il arrive souvent que le feu ayant été promptement éteint, il reste adhérent au conduit des portions de suie non brûlée, mais en partie détachées, et qui prendraient facilement feu de nouveau. Il ne faut pas toujours croire, comme on le dit souvent, qu'un feu de cheminée remplace un ramonage.

Voici d'ailleurs, au sujet de l'extinction des feux, quelques renseignements complémentaires, sur l'emploi de substances diverses qui favorisent l'extinction, et qui peuvent offrir un certain intérêt.

Emploi du soufre.

Dès qu'on s'aperçoit que le feu a pris dans le tuyau, on étale sur l'âtre le bois allumé ainsi que la braise, et on y jette quelques poignées de fleur de soufre. On bouche immédiatement après le devant du foyer de la cheminée, en y plaçant un devant de cheminée ou un drap bien mouillé, qu'on a soin de tenir fortement à la partie supérieure et sur les côtés. Le soufre étant un très bon combustible s'enflamme à l'instant, absorbe si fortement l'oxygène de l'air contenu dans le tuyau, que la flamme cesse aussitôt de brûler, et que le feu, quelque ardent qu'il soit, s'éteint à l'instant. Si le brasier est assez ardent, on peut remplacer le soufre par quelques poignées de sel de cuisine.

Lorsque le tuyau de la cheminée est garni à sa partie inférieure, vers la gorge, d'une trappe à bascule, il suffit de la fermer pour intercepter tout passage à l'air et étouffer le feu allumé dans ce tuyau.

Procédé de M. GAUDIN pour maîtriser les incendies.

Tout le monde sait que l'incendie est un fléau redoutable, et sans exagération on peut estimer ses dégâts annuels à 50 millions pour toute la France; il serait donc bien à désirer qu'on pût trouver les moyens de combattre avec plus d'efficacité les grands incendies et diminuer par là la contribution forcée que paient chaque jour l'Etat, l'Industrie ou l'Agriculture.

C'est pour arriver à ce but que M. Gaudin proposa, il y a près de quinze ans, d'employer l'eau chargée de chlorure de calcium au lieu d'eau pure. On sait, en effet, que dans l'état de choses actuel, le rôle de l'eau ordinaire se borne à refroidir momentanément les parties qu'elle couvre, sans compter son effet mécanique à faible distance qui consiste à dépouiller le bois de son charbon. Il est évident que dans un feu très intense, ces deux actions sont annihilées simultanément; il faut alors de toute nécessité abandonner le foyer principal pour se borner à entraver les progrès de l'incendie, ce que l'on nomme couper le feu.

Avec l'eau pyrofuge proposée par M. Gaudin, on disposerait d'une troisième puissance qui conserverait toute son efficacité sur le feu le plus ardent : ce serait la présence du sel calcaire qui, apporté par l'eau des pompes, se fondrait sur les charbons embrasés, et imprégnant leur tissu d'un vernis indécomposable, les rendrait incombustibles.

L'idée d'employer ainsi les sels n'est pas nouvelle ; on l'a au contraire mise en pratique bien des fois. On a essayé l'alun, le sulfate de fer, etc., mais sans succès marqué. Cela devait être ; ces sels n'ont pas de fusion ignée, ce qui les fait tomber en poussière inerte au moment décisif.

Depuis bien des années, M. Gaudin n'a cessé de demander avec instance aux divers ministères de lui fournir les moyens de faire un essai en grand de son procédé. On lui a constamment opposé des fins de non-recevoir mal fondées, et contre lesquelles il ne pouvait que protester.

Enfin, il imagina d'en saisir la Société d'encouragement : cette fois son appel fut entendu, et au mois d'octobre 1848, à huit heures du soir, il a été fait un essai de son procédé chez M. Perrot, ingénieur civil à Vaugirard, aux frais de la Société et devant une commission prise dans son sein. M. le ministre de la marine y avait envoyé un de ses aides-de-camp, et MM. les ministres des travaux publics et du commerce, chacun un ingénieur ; la préfecture de police y était représentée par le commandant et l'ingénieur des sapeurs-pompiers de Paris ; enfin, plusieurs membres de l'Institut et représentants y assistaient aussi.

L'expérience a été faite sur un bûcher de 1 mètre de côté et 3 mètres de hauteur, composé de bois de charpente et de bois à brûler arrimés, serrés. Dès que le tout a été embrasé, on a fait agir une petite pompe d'usine fournie par les sapeurs-pompiers de Vaugirard. Il est arrivé alors qu'après avoir éteint l'une des quatre faces du bûcher, celle-ci se rallumait dès qu'on l'abandonnait pour en éteindre une autre. Par un effet soutenu de la pompe on est parvenu cependant à éteindre presque complètement le feu ; mais ayant interrompu le jet pendant quelques minutes, le feu revint dans toutes les parties plus vif et plus flamboyant que jamais.

A ce moment, on procéda d'une façon analogue avec la même pompe en substituant seulement à l'eau ordinaire de l'eau chargée de chlorure de calcium. Après quelques coups de lance sur deux des faces du bûcher, l'une au vent et l'autre sous le vent, on arrêta le jet ; mais cette fois le résultat fut tout autre, on vit pendant longtemps le bûcher séparé en trois tranches, savoir : une tranche du milieu très-ardente bordée de chaque côté de bois carbonisé éteint ; enfin, quand on eut fait jouer la pompe sur les deux autres côtés, après la cessation du jet et jusqu'à la fin, on eut le spectacle d'une flamme centrale encadrée entre quatre pans de bois carbonisés devenus presque incombustibles.

De l'aveu de tous les juges compétents alors présents, l'expérience a eu tout le succès désiré.

Masses pour éteindre les incendies à l'intérieur.

Un moyen pour étouffer le feu dans les incendies qui se déclarent dans l'intérieur des bâtiments, et dont on a commencé à faire des applications en Allemagne, consiste en une masse combustible elle-même qu'on introduit dans les capacités où un incendie de nature quelconque s'est déclaré, et qui par sa propre combustion produit une atmosphère au sein de laquelle toute autre combustion, excepté celle de la poudre et des autres matières explosibles, cesse e s'éteint. Cette masse, toute prête à être appliquée, se vend dans des cylindres plats de gros carton qui, du côté supérieur, sont coiffés d'un fort couvercle, et portent sur le côté une mèche de sûreté anglaise de 35 secondes de durée. Ces cylindres renferment depuis 2 jusqu'à 10 kilogrammes de masse. La combustion d'un cylindre de 2 kilogrammes dure 25 secondes, et celle des gros plus longtemps.

M. J. Dietrich, de Gratz, composait, en 1842, des cylindres semblables avec 1 partie de soufre, 2 de protoxyde de fer et 5 de couperose verte, et dès 1823, M. F.-X. Tillmetz, de Munich, avait proposé un mélange de 1 de soufre, 1 d'ocre rouge et 6 de couperose. Ceux que débite actuellement M. J. Textor à Œdemburg ont la même composition que ces derniers. Les matériaux, après avoir été grossièrement concassés, sont mélangés, puis réduits alors ensemble en une poudre fine. La pulvérisation a principalement pour but d'empêcher que le soufre ne s'éteigne en brûlant, et l'ocre sert à unir le soufre à la couperose.

Nous n'entrerons pas dans les détails de l'application de ce moyen anti-incendiaire, ni sur les conditions dans lesquelles il a du succès; mais d'après plusieurs rapports dignes de foi, il paraît que dans différentes occasions on s'en est servi avec avantage.

Emploi du sulfure de carbone, par M. QUEQUET.

M. Quequet a proposé de substituer au soufre employé pour éteindre les feux de cheminée, le sulfure de carbone, qui donne des résultats bien supérieurs. En effet, si la température de l'âtre n'est pas assez

Poêlier-Fumiste. 17

élevée, le soufre brûle difficilement, et le but que l'on se propose n'est pas atteint; tandis que le sulfure de carbone s'enflamme beaucoup plus facilement, absorbe par conséquent mieux l'oxygène, ce que l'on se propose pour ôter tout aliment à la combustion.

Des expériences suivies d'un usage définitif ont été faites par le corps des sapeurs-pompiers de Paris. On a constaté qu'avec une très petite quantité, 100 grammes de sulfure de carbone, on pouvait maîtriser les feux les plus intenses.

Le liquide est enfermé dans des flacons, où on laisse un grand jeu, afin de tenir compte de la grande expansion de ce corps, et qui sont bouchés avec de la cire vierge.

On prépare même aujourd'hui une sorte de pâte solide en feuillets, imprégnée de cette substance, ce qui permet de la conserver encore plus facilement. Il serait très possible aux fumistes de s'en munir.

FIN.

TABLE DES MATIÈRES.

DEUXIÈME PARTIE.

Appareils de chauffage.

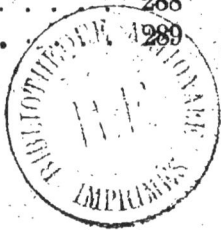

FIN DE LA TABLE DES MATIÈRES.

BAR-SUR-SEINE. — IMP. SAILLARD.

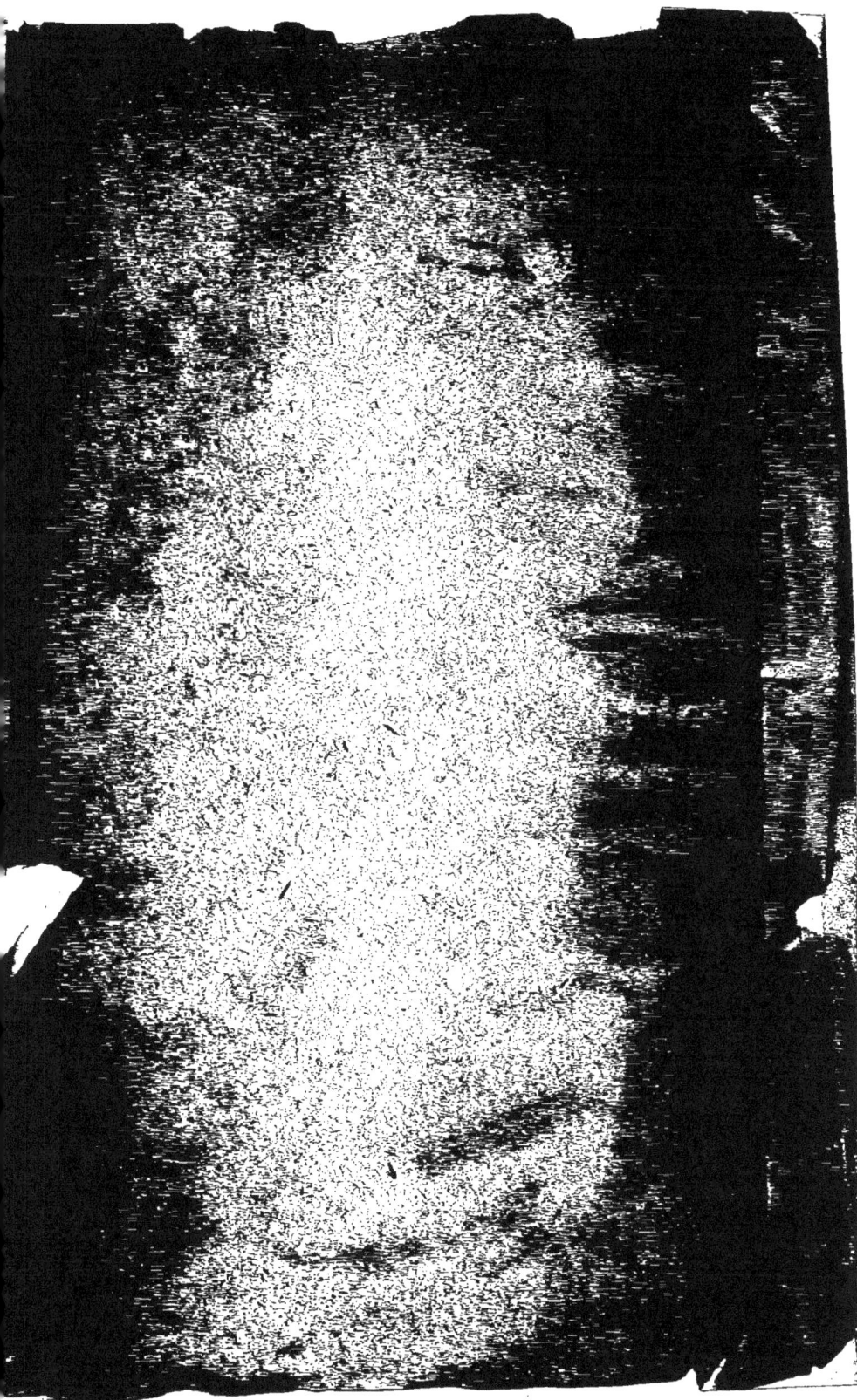